SITZUNGSBERICHTE DER SÄCHSISCHEN AKADEMIE DER WISSENSCHAFTEN ZU LEIPZIG

Mathematisch-naturwissenschaftliche Klasse
Band 118 · Heft 7

RUTH ZWICKER, HERBERT PÜHRER,
GERHARDT PLÖTNER,
HERBERT JORDAN und WOLFGANG BUCHHEIM

MODELLVERSUCHE ZUM FERVOREFFEKT NACH V. VOUK UNTER BIOPHYSIKALISCHEN GESICHTSPUNKTEN

AKADEMIE-VERLAG BERLIN

1986

SITZUNGSBERICHTE DER SÄCHSISCHEN AKADEMIE DER WISSENSCHAFTEN ZU LEIPZIG

MATHEMATISCH-NATURWISSENSCHAFTLICHE KLASSE

Band 112

Heft 1 Prof. Dr. WALTER BREDNOW, Spiegel, Doppelspiegel und Spiegelungen – eine „wunderliche Symbolik" Goethes 1975. 28 Seiten – 4 Abbildungen – 8° – M 3,–

Heft 2 Prof. Dr. ARTHUR LÖSCHE, Über negative absolute Temperaturen. Eine Einführung 1976. 26 Seiten – 12 Abbildungen – 8° – M 4,–

Heft 3 Prof. Dr. med HERBERT JORDAN, Kurorttherapie: Prinzip und Probleme 1976. 31 Seiten – 10 Abbildungen – 1 Tabelle – 8° – M 4,50

Heft 4 Prof. Dr. FRIEDRICH WOLF / Dr. PETER FRÖHLICH, Zur Druckabhängigkeit von Ionenaustauschreaktionen 1977. 13 Seiten – 6 Abbildungen – 1 Tabelle – 8° – M 2,–

Heft 5 Prof. Dr. DIETRICH UHLMANN, Möglichkeiten und Grenzen einer Regenerierung geschädigter Ökosysteme 1977. 50 Seiten – 20 Abbildungen – 2 Tabellen – 8° – M 6,50

Heft 6 Prof. Dr. ERICH RAMMLER, Zwei Jahrzehnte Entwicklung des Einsatzes der Energieträger Kohle und Erdöl im Weltmaßstab 1977. 29 Seiten – 6 Abbildungen – 4 Tabellen – 8° – M 4,–

Heft 7 Prof. Dr. ULRICH FREIMUTH, Umweltprobleme in der Ernährung 1977. 32 Seiten – 3 Abbildungen – 4 Tabellen – 8° – M 4,–

Band 113

Heft 1 Prof. Dr. ERICH LANGE, Allgemeingültige Veranschaulichung des II. Hauptsatzes 1978. 22 Seiten – 10 grafische Darstellungen – 8° – M 4,–

Heft 2 Prof. Dr. HERBERT BECKERT, Bemerkungen zur Theorie der Stabilität 1977. 19 Seiten – 8° – M 2,50

Heft 3 Prof. Dr. sc. KLAUS DÖRTER, Probleme und Erfahrungen bei der Entwicklung einer intensiven landwirtschaftlichen Produktion im Landschaftsschutzgebiet des Harzes 1978. 20 Seiten – 6 Abbildungen, davon 4 farbige auf 2 Tafeln – 2 Tabellen – 8° – M 7,–

Heft 4 Prof. Dr. sc. med. HANS DRISCHEL, Elektromagnetische Felder und Lebewesen 1978. 31 Seiten – 14 Abbildungen – 2 Tabellen – 8° – M 5,–

Heft 5 Prof. Dr. MANFRED GERSCH, Wachstum und Wachstumsregulatoren der Krebse. Biologische Erkenntnisse und generelle Erwägungen 1979. 32 Seiten – 13 Abbildungen – 1 Tabelle – 8° – M 6,–

Heft 6 Prof. Dr. rer. nat. FRIEDRICH WOLF / Dr. rer. nat. URSULA KOCH, Über den Einfluß der chemischen Struktur von Dispersionsfarbstoffen auf deren Dispersionsstabilität 1979. 18 Seiten – 3 Abbildungen – 10 Tabellen – 8° – M 3,50

Heft 7 Prof. Dr. rer. nat. FRIEDRICH WOLF / Dr. rer. nat. WOLFGANG HEYER, Zur Sorption an Tetracalciumaluminathydroxysalzen 1980. 12 Seiten – 5 Abbildungen – 4 Tabellen – 8° – M 2,–

Band 114

Heft 1 Prof. Dr. HASSO ESSBACH, Morphologisches zur orthologischen und pathologischen Differenzierung und zum Anpassungs- und Abwehrvermögen der menschlichen Placenta 1980. 19 Seiten – 12 Abbildungen – 8° – M 4,–

Heft 2 Prof. Dr. med. WERNER RIES, Risikofaktoren des Alterns aus klinischer Sicht 1980. 19 Seiten – 9 Abbildungen, davon 1 Abbildung auf Tafel – 8° – M 4,–

Heft 3 Prof. Dr. OTT-HEINRICH KELLER, Anschaulichkeit und Eleganz beim Alexanderschen Dualitätssatz 1980. 19 Seiten – 8° – M 4,–

Heft 4 Prof. Dr. rer. nat. BENNO PARTHIER, Die cytologische Symbiose am Beispiel der Biogenese von Zellorganellen 1981. 29 Seiten – 16 Abbildungen – 2 Tabellen – 8° – M 6,–

Heft 5 Prof. Dr. F. WOLF / Dr. S. ECKERT / Dr. M. WEISE / Dr. S. LINDAU, Untersuchungen zur Synthese und Anwendung bipolarer Ionenaustauschharze 1980. 12 Seiten – 6 Tabellen – 8° – M 2,–

Heft 6 Prof. Dr. med. HERBERT JORDAN, Balneobioklimatologie – Eine Zielstellung im Mensch-Umwelt Konzept 1981. 25 Seiten – 8 Abbildungen – 1 Tabelle – 8° – M 4,–

SITZUNGSBERICHTE DER SÄCHSISCHEN AKADEMIE
DER WISSENSCHAFTEN ZU LEIPZIG

Mathematisch-naturwissenschaftliche Klasse
Band 118 · Heft 7

RUTH ZWICKER, HERBERT PÜHRER,
GERHARDT PLÖTNER,
HERBERT JORDAN und WOLFGANG BUCHHEIM

MODELLVERSUCHE ZUM FERVOREFFEKT NACH V. VOUK UNTER BIOPHYSIKALISCHEN GESICHTSPUNKTEN

mit 14 Abbildungen und 11 Tabellen

AKADEMIE-VERLAG BERLIN

1986

Vorgelegt in der Sitzung am 12. Oktober 1984
Manuskript eingereicht am 25. Oktober 1984
Druckfertig erklärt am 7. August 1986

ISBN 3-05-500094-3
ISSN 0371-327X

Erschienen im Akademie-Verlag Berlin, DDR-1086 Berlin, Leipziger Straße 3–4

Lizenznummer: 202 · 100/240/86
Printed in the German Democratic Republic
Gesamtherstellung: VEB Druckhaus „Maxim Gorki", 7400 Altenburg
LSV 1315
Bestellnummer: 763 610 2 (2027/118/7)

00700

INHALT

Lizenznummer: 202 · 100/240/86
Satz und Druck: VEB Druckhaus „Maxim Gorki“,
DDR - 7400 Altenburg
Printed in the German Democratic Republic

SITZUNGSBERICHTE DER SÄCHSISCHEN AKADEMIE DER WISSENSCHAFTEN ZU LEIPZIG

BAND 118

MATHEMATISCH-NATURWISSENSCHAFTLICHE KLASSE

AKADEMIE-VERLAG BERLIN

1985—1986

INHALT

Aus der Arbeitsgruppe „Strukturprobleme und Umweltaspekte des Wassers, insbesondere der therapeutisch nutzbaren Wässer im Süden der DDR" — W. BUCHHEIM, A. WATZNAUER, H. JORDAN

„Modellversuche zum Fervoreffekt nach V. VOUK unter biophysikalischen Gesichtspunkten"

von R. ZWICKER, H. PÜHRER, G. PLÖTNER, H. JORDAN und W. BUCHHEIM

Kurzfassung zur Verteidigung der Forschungsarbeit am 12. 10. 1984

In das Arbeitsprogramm unserer interdisziplinären Arbeitsgruppe „Strukturprobleme und Umweltaspekte des Wassers, insbesondere der therapeutisch nutzbaren Wässer im Süden der DDR" sind von Anfang an auch die balneologisch besonders interessanten akratischen Wässer, vulgo auch „Wildwässer" genannt, einbezogen worden. Solche Wässer können als Akratopegen oder Akrotothermen auftreten, je nachdem, ob ihre durchschnittliche Gesamtjahrestemperatur die kritische Grenze von 20 °C überschreitet oder nicht. Lediglich die thermalen akratischen Wässer sind infolge ihrer Temperatur oberhalb 20 °C Heilwässer im Sinne der „Kurortverordnung der DDR". Ihre niedrige Gesamtmineralisation rechtfertigt keine Einordnung in die Heilwassergruppe, desgleichen nicht ein etwaiger Gas- oder Spurenstoffgehalt, wenn er die in der Kurortverordnung festgelegten Mindestgrenzen nicht übersteigt. So waren die solchen Wildwässern nachgerühmten und auch nachweisbaren Heilerfolge zunächst einmal keinen anderen Heilwasserfaktoren als ihrer thermischen Komponente zuzuschreiben. V. VOUK, ein Biologe aus Zagreb, hatte den Gedanken, solche Heileigenschaften von Thermalwässern könnten mit deren besonderen Entstehungsbedingungen (Erhitzung unter Druck im Erdinneren) in Zusammenhang stehen und entwickelte seinerzeit ein Analogmodell, indem er Wasser im Autoklaven unter Druck erhitzte. Er nannte diesen Prozeß „Fervorisieren" (fervor = Hitze).

Mit derart behandeltem Wasser wurden sodann verschiedene biologische Versuche unter anderem auch mit Senfpflanzen durchgeführt, deren Haupteffekt in einer Hemmung der Wurzelkeimungsphase bestand und welcher als

„Fervoreffekt" bezeichnet worden ist. Ihm folgt interessanterweise ein wachstumsfördernder Effekt. Zur Erklärung dieser von VOUK und seinen Nachuntersuchern beobachteten Phänomene wurden unterschiedliche Deutungen angeboten, vor allem wurde der durch die Autoklavierung bewirkte O_2-Entgasungsprozeß, also ein Sauerstoffmangel, als Effektor für die Keimhemmung angenommen. Das erneute Studium der vorhandenen Literatur deckte eine Reihe noch offener Fragen und vor allem auch Unterschiede in der physikalischen und biologischen Versuchsdurchführung auf. Da die vordem unter Leitung unseres verstorbenen Akademiemitgliedes Anton ARLAND stehende Arbeitsgruppe in Leipzig in der Lage war, entsprechende Keimungs- und Wachstumsversuche mit fervorisiertem Wasser an Senfpflanzen (*Sinapsis alba*) durchzuführen, sollte eine Nachprüfung der bisherigen Ergebnisse unter Berücksichtigung möglichst vieler wichtiger Einflußfaktoren und Parameter erfolgen. Unsere eigentliche Aufgabenstellung war also nicht, die VOUKsche Wirkungshypothese der Akratothermen nachzuprüfen, sondern seine biologischen Ergebnisse weiter abzuklären. Hierbei waren 3 Problemkreise zu berücksichtigen:

1. Fragen der biologischen Versuchsdurchführung,
2. Fragen der physikalischen Versuchsdurchführung,
3. Fragen zur Erklärung des Fervoreffektes.

Im einzelnen war dabei abzuklären:

ad 1) Unterschiede des Saatgutes, der verwendeten Nährlösungen und deren Fervorisierung, Art und Dauer der Vorquellungsphase unter Berücksichtigung der Relation von Bewässerung und Belüftung, Berücksichtigung des Luftvolumens in den abgedeckten Keimungs- oder Vorratsgefäßen, Einflußnahme unterschiedlicher Lichtqualitäten, -quantitäten und von Dunkelheit auf den Keimungs- und Wachstumsprozeß, Einfluß der Umgebungstemperatur.

ad 2) Einfluß des Abkühlungsvorganges nach dem Autoklavieren, Bedeutung des überstehenden Luftvolumens in den Autoklavierungsgefäßen, Einfluß der Entnahmetechnik des fervorisierten Wassers, Einflüsse durch mechanische Erschütterungen (z. B. durch Transport) und von Alterungsvorgängen des Wassers.

ad 3) Vergleich von bidestilliertem und zusätzlich fervorisiertem Wasser mit natürlich vorkommendem Thermalwasser (Janské Lázně), Herauslösung von Spurenelementen aus dem Glas der Versuchsgefäße durch das Autoklavieren, Effektivität von Lösungen solcher Spurenstoffe (insbesondere von B und Si) auf die biologischen Prozesse. Über die Arbeitsergebnisse der einzelnen Etappen wurde regelmäßig in den Jahrbüchern der SAW 1975/76, 1977/78, 1979/80 und 1981/82 berichtet. Zusammengefaßt lassen sie sich in 10 Punkten darstellen (FW = „Fervorwasser"; BW = bidestilliertes Wasser; FE = Fervoreffekt):

1. FW stellt eine flüssige Phase im Nichtgleichgewichtszustand dar, wie er in offenen oder hermetisch verschlossenen Gefäßen bei Erhitzung des Wassers im Autoklaven im bzw. über den Sättigungszustand erzeugt werden kann und der bei Abkühlung auf Zimmertemperatur nicht völlig abgeklungen ist. Neben der Erhöhung von Temperatur und Druck ist dabei das Konzentrationsverhältnis von Wasser zum überstehenden Luftvolumen von Bedeutung, ferner das Vermögen der Gase (O_2, N_2, Ar), im Temperatur-Druckbereich der Sättigung eine größere Löslichkeit zu besitzen als bei 100 °C.
2. In hermetisch verschlossenen Glasgefäßen werden in Abhängigkeit vom Binnendruck beim Autoklavieren B und Si aus den Glaswänden herausgelöst.
3. Bei maximaler Füllung der Glasflaschen wirkt FW gegenüber BW an der Wurzel von *Sinapis alba* keimungshemmend. Die Keimungshemmung entfällt, wenn das Autoklavieren des Wassers in Foliebeuteln, d. h. unter Ausschluß des Kontaktes mit der Glasoberfläche erfolgt.
4. Bei nur 50%iger Füllung der Glasflaschen wie auch der Foliebeutel wirkt FW gegenüber der Kontrolle fördernd auf das Wurzelwachstum. Der hier im überstehenden Luftvolumen vorhandene CO_2-Anteil ist dabei von Bedeutung.
5. Aus den vorliegenden Untersuchungen erklärt sich der FE an der Wurzel als ein osmotischer Effekt, bedingt durch den Mechanismus der Anionenatmung.
6. Beim Sichtbarwerden des Sproßpols erwies sich FW gegenüber BW stets als fördernd auf das Keimlingswachstum.
7. Nach anfänglicher Hemmung wirkt in toto fervorisierte Nährlösung nach von der Crone gegenüber mit BW hergestellter fördernd auf das Wachstum von *Sinapis alba* (FE). Senfpflanzen erreichen nach 24 Tagen in fervorisierter Nährlösung größere Pflanzenmassen und haben relativ niedrigeren Wasserverbrauch als die Kontrollpflanzen.
8. Tageslicht mit relativ hohem Anteil an Blaulicht verstärkt diesen Effekt.
9. Bei gleicher technischer Durchführung von Quellung und Keimung der Samen wirkte Thermalwasser von Janské Lázně (ČSSR) wie FW bei maximaler Füllung der Glasflaschen auf die Keimung am Wurzel- und Sproßpol von *Sinapis alba*.
10. Der FE natürlicher Akratothermalwässer wird am wahrscheinlichsten durch Inhaltsstoffe bedingt, deren Löslichkeit im Thermalbereich oberhalb 100 °C größer ist als bei 100 °C und darunter und besonders dann, wenn das Löslichkeitsminimum bei 100 °C liegt. Ferner spielen dabei die

strukturellen Eigenschaften von FW als möglicherweise nicht molekulare, sondern kolloidale und deshalb metastabile Kieselsäurelösungen eine Rolle.

Wir konnten mit diesen unseren Versuchen die Richtigkeit der VOUKschen Beobachtungen erneut bestätigen, insbesondere auch die übereinstimmende biologische Wirksamkeit zwischen künstlich fervorisiertem Wasser und natürlichem Akratothermalwasser. Es konnten einige wichtige neue Parameter für die Versuchsdurchführung bzw. die Reproduzierbarkeit der Ergebnisse bestimmt werden. Erstmals wurde durch Überprüfung mit einem „Leerversuch", das heißt, eine Autoklavierung unter Ausschluß einer Kommunikation von Wasser und Glasgefäßwandung durchgeführt, der die biochemische Natur des Fervoreffektes sicherstellte. Für die weitere balneologische Forschung rücken vor allem die Kieselsäure bzw. deren kolloidale Polymerisate in akratischen Wässern in den Blickwinkel des Interesses.

Ergänzend sei bemerkt, daß das von uns untersuchte Thermalwasser von Janské Lázně eine Temperatur von 27,5 °C besitzt und in 620 m Seehöhe am Fuße des 1299 m hohen Černá Horá im böhmischen Riesengebirgsmassiv entspringt.

Gegenwärtig ist die Akratothermen oder -pegenforschung insbesondere durch eine Arbeitsgruppe im Raum Freiburg/Breisgau—Badenweiler unter der Leitung des Freiburger Forschungsinstituts (BASSENGE, HARTMANN, HILLE u. POHL; s. dazu Heilbad u. Kurort **35** (1983) 205ff.) wieder belebt worden; dies schien uns ein zusätzlicher Anlaß, die Eigentümlichkeiten des diskutierten „Fervor-Effektes" in der mitgeteilten Form erneut zu überprüfen.

H. JORDAN, Bad Elster

1. Terminologie und balneologische Problemstellung

Akratothermen, auch „Wildwässer" genannt, stellen im Rahmen der balneologischen Forschung ein traditionell interessantes Studienobjekt dar, welches Ausgangspunkt und bis heute auch Hauptgegenstand der „Krenobiologie" ist (JORDAN 1980). Unter der Bezeichnung „Akratothermen" werden natürlich austretende Wässer verstanden, die eine über das ganze Jahr hindurch gleichbleibende Wassertemperatur von mindestens 20 °C (= 293,14 K) und — im Gegensatz zu „Mineralwässern" — einen Mineralisationsgrad von $< 1{,}0$ g/kg gelösten festen Stoffen aufweisen. Im Hinblick auf die geohydrologisch begründete Einstufung als „warme" Quellen werden solche Wässer nach der „Kurortverordnung der DDR" (1967 und 1968) auch als „Heilwässer" im medizinischen Sinne anerkannt.

Wärmephysiologisch beurteilt müssen Akratothermen jedoch solange als „kalte" bzw. „hypotherme" Medien bewertet werden, wie ihre Temperatur den metabolischen und/oder thermoregulatorischen Indifferenzbereich des menschlichen Organismus nicht überschreitet (s. dazu JORDAN 1970). Ihr geringer Mineralisationsgrad läßt bislang weder kat- noch anionenseitig medizinisch-therapeutische Ansprüche begründen — wenn man hierbei auch einräumen muß, daß diesbezügliche „Grenzkonzentrationen", wie sie die eben erwähnte Kurortverordnung gesetzlich festschreibt, keineswegs immer auch „physiologischen Grenzwerten" entsprechen. Ebensowenig ist die Effektivität eventuell vorhandener Spurenelemente (besonders *As*, *Co*, *Cu*, *Fe*, *S*, *Zn*, *Li*, *V*, *Si*) abzuschätzen oder exakt meßbar, zumal zwischen ihnen und den Kat- oder Anionen interaktive Beziehungen (z. B. Komplexionenbildung) angenommen werden müssen, welche noch weniger befriedigend abgeklärt, geschweige denn auf ihre physiologische Bedeutsamkeit überprüft worden sind. Zudem können Akratothermen auch Quellengase — z. B. CO_2, H_2S, CH_4 oder das Edelgas *Rn* — enthalten, die medizinisch durchaus meßbare Wirkungen entfalten können.

Ferner wäre entscheidend, ob diese „Balneotherapiemittel" für eine Bäder- oder eine Trinkkurbehandlung Anwendung finden; mit anderen Worten, welche qualitativen und/oder quantitativen Grenzbarrieren der Aufnahme ihrer Wirkstoffe in den menschlichen Körper entgegenstehen. Dabei ist allerdings in Betracht zu ziehen, daß die gegenwärtig handhabbaren Meßmethoden nicht ausreichend sein könnten, solche minimalen, z. B. nur katalytisch wirksamen, Einflußgrößen genau genug zu erfassen.

So bleibt es schwer, die Spezifität der Wirksamkeit einer Akratothermenbehandlung physikochemisch „exakt" nachzuweisen, zumal nur chronophysio- bzw. -pathophysiologische Verlaufsstudien mit entsprechend exakten Vergleichsserien Aussagen über einen therapeutischen Effekt erbringen können.

Die Tatsache, daß thermale Wässer im engsten Umkreis ihres Austrittes im Gelände bestimmte Biozönosen mit spezifischer Typik abgrenzen lassen, hat sowohl in der Volksmedizin als auch in der balneologischen Forschung stets ein reges Interesse wachgerufen. Vouk hatte bereits 1950 eine Klassifikation der Thermalwässer aus deren Besiedlungsmuster mit Blaualgen (Cyanophyceae) hergleitet (Vouk 1950). Der jahrhundertealte Ruf der „Wildbäder" als „Jungbrunnen" ließ die Suche nach dem *movens et agens* solcher „naturgegebenen" Medien immer wieder neu aufleben. Aber nur wenige krenobiologische Fakten konnten eine gewisse medizinische Wirksamkeit konkret repräsentieren — wie beispielsweise die Quellenschlammpolster aus Algen, Bakterien und Polysulfiden der Thermen von Barèges oder die kieselgelhaltigen „*sources savonneuses*" von Schlangenbad/Taunus, die mit ihren nachweislichen kosmetischen Effekten als „Schönheitsbäder" gesucht und begehrt waren. Für Akratothermen spezifische, von seiten der Balneologie immer wieder einmal behauptete „Wasserstrukturen" sind physikalisch — zumindest als Effekte 1. Ordnung — bisher nicht sicher nachweisbar gewesen und als Eigenstrukturen reinen Wassers physikalisch auch a priori unwahrscheinlich (hierzu sei auf die spektrometrischen Untersuchungen von Klose 1974_2 hingewiesen). Doch führt gerade das Studium des Fervoreffektes auf die mögliche Relevanz von Effekten höherer Ordnung in Verbindung mit der Aufnahme von Spurenstoffen, insbesondere Kieselsäure.

Die ersten wesentlichen Versuche, den Wirkungsmechanismus dieser interessanten Heilquellengruppe an biologischen Objekten zu erweisen, sind in den Beobachtungen von F. und M. Bukatsch (1940) zu sehen, die nachwiesen, daß Thermalwasser aus Badgastein auch nach Ausschaltung seiner Radonemanation bei zahlreichen Pflanzenarten (Mais, Sonnenblume, Kürbis u. a.) die Keimung ihrer Samen im Vergleich zu Gasteiner Leitungstrinkwasser deutlich hemmt, während das weitere Wachstum im Wasserkulturversuch gefördert wird. Die Autoren führten diese Hemmung auf den Einfluß von Fluor- und Arsenionen zurück, die Wachstumsförderung dagegen auf den Gehalt an Bor.

Einen anderen Erklärungsversuch für biologische Wirkungen des Thermalwassers gab Vouk 1941. Er stützte sich dabei auf die von Radermacher, Klas und Vouk 1940 veröffentlichten experimentellen Befunde. In Anlehnung an das in der gärtnerischen Praxis gehandhabte Verfahren der Sterilisation des Bodens auf feuchtheißem Wege nahmen diese Autoren eine solche (einschließlich der Nährlösung) im Autoklaven vor und erzielten damit bei Senf, Buchweizen und *Tagetes* wachstumsfördernde Effekte, ähnlich denen von F. und M. BUKATSCH. Diese Befunde waren nach Meinung VOUKS insofern von allgemeiner Bedeutung, als es „sich in Wasserkulturen gewiß nicht nur durch die feuchtheiße Sterilisation bedingte Keimbefreiung des Nährbodensubstrates handelt, sondern vielmehr um gewisse Veränderungen, die durch Erhitzung im Nährsubstrate selbst stattgefunden haben“. Diese Bearbeitung der Nährmedien nannten die Autoren „Fervorisation“ und den Effekt ihrer Bearbeitung, wie er sich an den Pflanzen äußerte, „Fervoreffekt“ (FE). Auf die von RADERMACHER, KLAS und VOUK (1940, 1956) beschriebene Technik des Fervorisierens stützen sich alle weiteren Experimentatoren, sofern nicht zur Klärung spezieller Fragen höhere Temperaturen oder Drücke angestrebt wurden (z. B. JOB, KOMMA u. ZEITLINGER 1965). Auf Grund der Beobachtung, daß fervorisierte Lösungen bei Pflanzen ähnliche biologische Wirkungen entfalten wie Akratothermen, kam VOUK zu der Auffassung, das Thermalwasser sei als ein im Erdinneren unter hohem Druck und hoher Temperatur auf natürlichem Wege „fervorisiertes“ Mineralwasser zu betrachten. Er stellte die Hypothese auf, daß die biologische Effektivität der Thermalwässer auf einer temperatur- und druckbedingten Änderung ihrer Molekularstruktur beruhe. In den folgenden Jahren gingen daher die Bemühungen in der Forschung einerseits um die Erarbeitung eines Phytotests zum Studium und zur Charakterisierung von Thermalwässern, andererseits um die Erarbeitung der physikalisch-chemischen Grundlagen des FE.

Bedingt durch die Kriegs- und Nachkriegszeit entstand zunächst eine Pause im Studium fervorisierter Substrate auf das Pflanzenwachstum. Als man die Untersuchungen wieder in Angriff nehmen konnte, war es verschiedenen Überlegungen zufolge „zunächst das erste Stadium der pflanzlichen Entwicklung: die Auskeimung, an welchem wir die Wirkungen des fervorisierten Mediums (Wasser) prüften“ (KLAS 1953). Unter gleichen Versuchsbedingungen zeigten Samen verschiedener Pflanzenarten eine unterschiedlich ausgeprägte Verzögerung der Auskeimungsgeschwindigkeit (KLAS 1953). Der „Auskeimtest“ (= Auskeimungsgeschwindigkeit von Wurzeln an Hand des Sichtbarwerdens des durch die Samenschale durchbrechenden Würzelchens) erwies sich insoweit als ein brauchbares Verfahren, als einheitliche Vergleichswässer zur Anwendung kamen (KLAS 1953, VOUK 1957, VOUK u. SCHRÖCKSNADEL 1957, SCHRÖCKSNADEL 1959). Zunächst wurde dabei von SCHRÖCKSNADEL (1961) an ein Modellwasser gedacht, das in adäquaten Mengen die hauptsächlichsten Ionen des Gasteiner Thermalwassers enthält (SCHRÖCKSNADEL u. KOMMA 1962). Für die Thermalbäder in Badgastein wird das Mischwasser aus allen genützten Quellen herangezogen. Nach KOMMA (1961) schwankt der Gehalt an ionisierenden Bestandteilen der Gasteiner Therme zwischen 300 bis 400 mg/kg. Unter den Kationen herrscht das Na^+ mit 70—80 mval% vor, gefolgt von Ca^{++} mit 18—25 mval%. Unter den Anionen steht das SO_4^{--} mit 55—57 mval% an erster Stelle, an zweiter das HCO_3^--Ion mit 23—27 mval%, gefolgt von Cl^- mit 15 bis 18 mval%. Ferner ist bei der Gasteiner Therme ein relativ hoher Fluorid-Gehalt festzustellen. Auch der Gehalt an Borsäure (H_3BO_3 bzw. HBO_2) und Kieselsäure (H_2SiO_3) ist für ein Wasser mit akratischer Konzentration als hoch zu bezeichnen. Hinzu kommen Spurenelemente und der Gehalt an Radium-Emanation (*Rn*). Der pH-Wert beträgt 7,76 bei 44,3 °C. Beim Vergleich mit bidestilliertem Wasser (BW) zeigte sich nur eine geringe Hemmung dieses Modell-Thermalwassers bezüglich der Auskeimungsgeschwindigkeit bei *Sinapis alba*. Wurde letzteres hingegen fervorisiert, dann verstärkte sich der Hemmeffekt und entsprach dem des Thermalwassers. Das gleiche Ergebnis ließ sich erzielen, wenn nicht das Modellwasser in toto, sondern nur das zur Lösung der Salze benötigte destillierte Wasser dem Fervorisierungsprozeß unterworfen worden war. Es wäre nun zu erwarten gewesen, daß bidestilliertes fervorisiertes Wasser (FW) gegenüber nur bidestilliertem ebenfalls keimungshemmend bei *Sinapis alba* wirkt. Dieses konnte SCHRÖCKSNADEL (1961) jedoch nicht mit statistischer Sicherheit nachweisen. Dessenungeachtet entschied er sich aus praktischen Erwägungen für BW als Vergleichsnorm im biologischen Versuch. Weitere in Zusammenarbeit mit KOMMA (SCHRÖCKSNADEL und KOMMA 1962) eingeleitete Untersuchungen zeigten, daß es bei der Fervorisierung von Trinkwässern und Modell-Thermalwasser zu einer Änderung der elektrischen Leitfähigkeit und der optischen Dichte der Medien kommt. Je mehr die elektrische Leitfähigkeit abnahm, desto geringer wurde auch die optische Dichte des fervorisierten Substrates. Destilliertes Wasser hingegen wies vor und nach der Fervorisierung nicht nur dieselbe Leitfähigkeit, sondern auch denselben Brechungsindex auf. Diese Befunde beweisen keineswegs die Fervorhypothese. Sie zeigen vielmehr, daß für die druck- und temperaturabhängigen Veränderungen der Wasserbeschaffenheit gelöste Salze bzw. Ionen verantwortlich bzw. mitverantwortlich sind.

Alle Versuche, das Vorhandensein eines FE unabhängig vom biologischen Versuch mit physikalischen Methoden zu erklären, führten bisher zu keinem Ergebnis. Die von JOB, KOMMA und ZEITLINGER (1965) vorgenommenen Dampfdruckmessungen sowie Untersuchungen über die Infrarotabsorption von BW bzw. FW ließen keine Unterschiede erkennen. Hieraus ist zunächst abzuleiten, daß die temperatur- und druckbedingten Polymerenverhältnisse des Wassers (Mono- bis Oktomeren) zu kurzlebig sind, um mit den zur Verfügung stehenden Methoden erfaßt werden zu können.

KISSER und POSSNIG wiesen 1932 darauf hin, daß Quellung und Keimung der Samen wesentlich durch die Sauerstoffversorgung beeinflußt werden. Die

Samenschale kann als hemmender Faktor für den Gasaustausch betrachtet werden, so daß sich eine Belüftung während des Quellungsprozesses als günstig erweisen kann. Diesbezügliche Versuche führten Job 1965 zu der Feststellung, daß FW die Wurzelkeimung über den Mechanismus eines markanten Sauerstoffmangels hemmt, wobei er nicht ausschloß, daß auch weitere Faktoren mit im Spiele sein könnten (Job 1966 u. 1969). Schwabe (1954, 1956) hatte in diesem Zusammenhang insbesondere auf *B* und *Si* hingewiesen, die beide bei der Autoklavierung des Wassers aus den dazu verwendeten Glasgefäßen herausgelöst werden könnten. In dieser Richtung ist z. Z. die wahrscheinlichste Deutung der typischen Akratothermen-Effekte zu suchen. Unsere Versuche gehen deshalb auch auf dieses Problem ein.

2. Durchführung der biologischen Versuche

2.1. Keimversuche

Versuchspflanze war *Sinapis alba* L. ssp. *alba*. Alle Untersuchungen fanden in einem klimatisierten Raum bei einer Temperatur von 25 °C und relativer Luftfeuchte von 65% statt. Das Vorquellen der Samen wurde sowohl in Wägegläschen (10 ml) unter Luftabschluß als auch in Keimschalen (150 × 150 × 52 mm) mit nur geringer Wasserbedeckung vorgenommen. Nach beendeter Quellung (2, 6 und 10 Stunden) wurde das überstehende Wasser aus den Wägegläschen vorsichtig dekantiert und die Samen zur Befreiung von restlichem Wasser auf eine mit Analysenfilterpapier belegte siebartige flache Unterlage geschüttet. Danach kamen sie in die Keimschalen, deren Boden mit 2 Lagen Analysenfilterpapier belegt und mit 10 ml des entsprechenden Wassers befeuchtet worden war. Nachdem alle Proben (je Variante 6 × 100 Samen) in der beschriebenen Weise aufbereitet worden waren (Arbeitszeitbedarf maximal 12 min), wurden die Samen in den Keimschalen mit Hilfe einer Pinzette in Reihen zu 10 × 10 angeordnet (Arbeitszeitbedarf maximal 45 min). Die mit Randschliff versehenen Keimschalen wurden mit entsprechenden Glasplatten bedeckt. Bei Quellung in den Keimschalen wurden 4 × 100 Samen auf 2 Lagen Analysenfilterpapier ausgelegt, vorsichtig mit 50 ml des entsprechenden Wassers überschichtet und die Keimschalen mit Glasplatten bedeckt. Nach beendeter Quelldauer wurde überschüssiges Wasser mit Hilfe einer Pipette abgesaugt, so daß die Samen bis zum Sichtbarwerden der Würzelchen auf dem feuchten Filterpapier verblieben. Zwei Stunden nach Abschluß der Quellung wurde die Betrachtung der Samen begonnen. Die Zählungen erfolgten in Abständen von 2 Stunden und stets in derselben Reihenfolge. Zum Betrachten der

Samen wurden eine Lupe und eine Taschenlampe verwendet (2 V, 0,2 A). Je nach der Versuchsfrage wurden die gezählten Samen entfernt oder in den Keimschalen belassen.

2.2. *Wasserkultur-Versuche*

In Anlehnung an die von RADERMACHER, KLAS und VOUK (1940, 1956) sowie KLAS (1959) durchgeführten Untersuchungen wurde zur Anzucht der Senfpflanzen Nährlösung nach VON DER CRONE (pH 6,2 zu Versuchsbeginn) verwendet. Als Versuchsgefäße dienten Transfusionsflaschen (DIN 58361). Damit die Wurzeln der 3 bis 4 Tage alten Keimpflanzen das Substrat erreichen konnten, war es erforderlich, die Flaschen bis zum Flaschenhals mit Nährlösung aufzufüllen. Jedes Gefäß wurde mit 3 Pflanzen beschickt, die durch einen perforierten und paraffinierten Deckel Halt fanden. Anschließend wurden die Glasgefäße mit schwarzem Papier belegt, da Licht die Wurzelkeimung hemmt. Die Anzucht der Pflanzen erfolgte im Klimaraum bei 20–22 °C (Substrattemperatur 20 °C). Als Lichtquelle wurden Leuchtstofflampen verwendet, die sich in ihrem Rot-Blau-Licht-Anteil unterscheiden (s. Abb. 1). Die Lichtintensität in Pflanzenhöhe betrug 3500 lx, die relative Luftfeuchte des Raumes war auf 65% eingestellt. Nach Abschluß des Versuches wurden die Frischmassen von Wurzeln und Sprossen sowie der in der Wachstumszeit entstandene Wasserverbrauch ermittelt.

2.3. *Fervorisierungstechnik*

Nach RADERMACHER, KLAS und VOUK (1940, 1956) sowie RADERMACHER (1950) wird das BW im Autoklaven eine Stunde unter einem Druck von 2,5 atü bei einer Temperatur von 137 °C gehalten. Hierauf läßt man das im Schottkolben befindliche Wasser auf Zimmertemperatur abkühlen. Der gleiche Prozeß wiederholt sich am folgenden Tage. Nach Beendigung der Hitzebehandlung bzw. nach Abkühlen wird der hierbei auftretende Flüssigkeitsverlust durch Zusatz einer entsprechenden Menge BW ausgeglichen (SCHRÖCKSNADEL u. KOMMA 1962). KLAS (1962) betont, daß die Fervorisierung der Medien in allen Fällen in gleichen, oft gebrauchten und ausgekochten, vorher gründlich gereinigten und ausgespülten Erlenmeyerkolben aus Jenaer Glas vorgenommen wurde, in denen die Medien auch aufbewahrt wurden. Das zur Durchführung unserer Untersuchungen verwendete FW bzw. die Nährlösung wurden in mit Gummikappen und Schraubdeckel versehenen Transfusionsflaschen (DIN 58361) 12 Minuten (1 bar, 121 °C) autoklaviert. Danach blieb der Autoklav noch 30 Minuten geschlossen, wobei die Temperatur unter 100 °C absank. Dann wurden die Flaschen dem Autoklaven entnommen und auf Zimmertemperatur abgekühlt. Die Flaschenfüllung betrug 1000 ml bzw. maximal 80% des Ge-

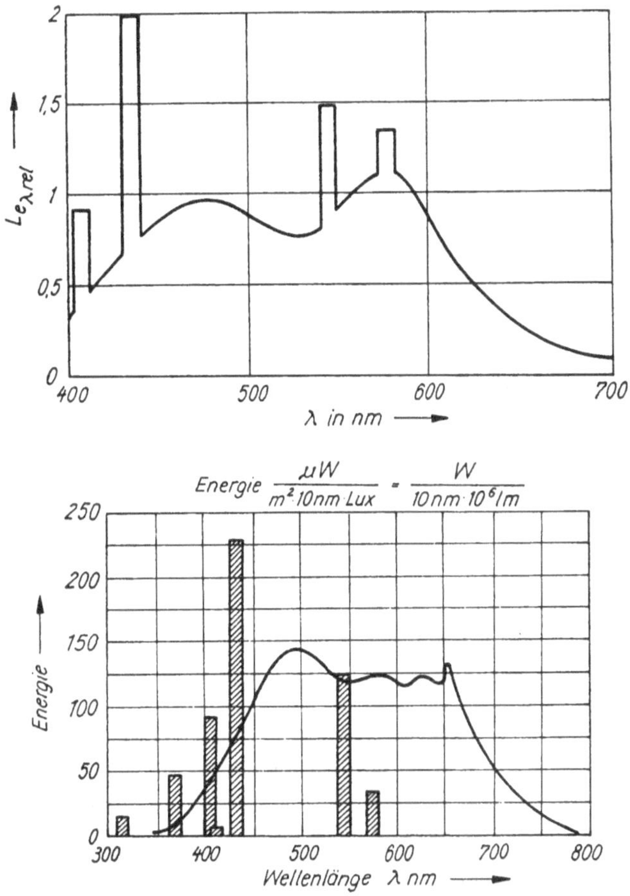

Abb. 1. Relative spektrale Strahldichteverteilungskurven der verwendeten Leuchtstofflampen. Oben: „Tageslicht 10", VEB NARVA, Berliner Glühlampenwerk. Unten: „TL 55 de luxe", Philips, Eindhoven

samtvolumens. In speziellen Untersuchungen wurden auch Flaschenfüllungen von 68, 55 und 50% vorgenommen (s. dazu unter 4.1.). Bis zu Versuchsbeginn wurden die Flaschen mit dem Hals nach unten gerichtet im Dunkeln aufbewahrt. Zu Versuchsbeginn wurde die Gummikappe mit einer Kanüle, an die sich ein mit Schraubklemme versehener Gummischlauch anschloß, durchstoßen. Die Entnahme des Wassers erfolgte mit Hilfe einer 10 ml-Recordspritze, insgesamt 120 ml. Jede Flasche wurde für nur einen Versuch verwendet; die Nährlösung wurde in toto fervorisiert.

2.4. Chemische Analysen

In den in die Untersuchungen einbezogenen Wässern wurden Na^+ und Ca^{++} flammenphotometrisch, B kolorimetrisch nach HATCHER und WILCOX (1950) und Si spektralphotometrisch als Molybdänblau-Komplex (Sub-Committee A II/ICC, 1975) bestimmt.

2.5. Statistische Auswertung

Die statistische Auswertung erfolgte mittels Varianzanalyse (WEBER 1967) unter Zugrundelegung einer Überschreitungswahrscheinlichkeit von $p \leqq 0{,}05$. Signifikante Differenzen der Ergebnisse von FW bzw. BW (= Kontrollen) wurden wie folgt beziffert: $+ \quad = < 0{,}05 > 0{,}01$

$++ \quad = < 0{,}01 > 0{,}001$

$+++ = < 0{,}001$

3. Versuchsergebnisse

3.1. Wurzelkeimung und Einflußfaktoren

3.1.1. Dauer der Vorquellung und Provenienz

Da die Quellung eine Voraussetzung für die Keimung ist, galt es zunächst zu klären, welche Wirkung eine unterschiedliche Dauer der Vorquellung auf den Keimungsverlauf bei *Sinapis alba* hat. So zeigten sich bei einem rasch keimenden Saatgut unabhängig von der Dauer der Vorquellung unter Luftabschluß von 2, 6 und 10 Stunden die ersten Würzelchen 8 Stunden nach dem Auslegen der Samen in die Keimschalen bzw. 10, 14 und 18 Stunden nach Versuchsbeginn (s. Abb. 2). Bei 2stündigem Vorquellen waren nach 16 Stunden 50% der Samen gekeimt. Bei 10stündiger Quellung verlief die Keimung langsamer. 20 Stunden nach dem Auslegen der Samen an die Luft waren bei beiden Varianten 85 bis 90% der Samen gekeimt. In FW verlief das Sichtbarwerden der Wurzeln bei allen Quellzeiten gegenüber BW verzögert. Die Häufigkeitsprozente der sichtbaren Würzelchen lagen während der Beobachtungszeit bei FW signifikant unter den bei BW ermittelten. Bei einer langsam keimenden Provenienz (Abb. 3) traten signifikante Differenzen zwischen den Varianten bei 2stündiger Vorquellung erst nach 24stündiger Luftkeimung auf. Zu diesem Zeitpunkt war das rasch keimende Saatgut (s. Abb. 2) schon zu 90% gekeimt; ein Prozentsatz, der bei der langsam keimenden Provenienz erst nach weiteren 24 Stunden erreicht wurde. 6- und 10stündiges Vorquellen erwies sich bei lang-

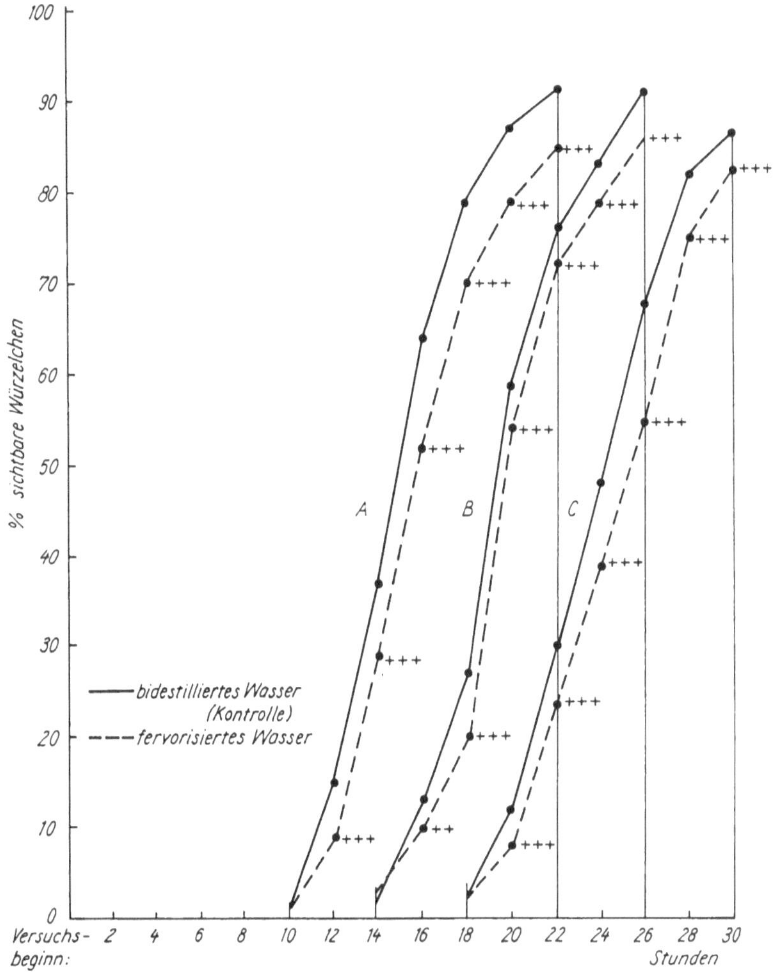

Abb. 2. Verlauf der Wurzelkeimung bei einer rasch keimenden Provenienz von *Sinapis alba* nach 2- (A), ,6- (B) und 10stündiger (C) Vorquellung

sam keimendem Saatgut gegenüber 2stündigem von Vorteil. Signifikante Differenzen zwischen beiden Varianten traten nach 16- bis 20stündigem Auslegen an die Luft auf und blieben während der Beobachtungszeit erhalten. Nachdem bei einem rasch keimenden Saatgut die Voraussetzungen für das Einsetzen der Lebensbedingungen schon bei 2stündiger Quelldauer gegeben waren, erweist sich diese bei 25 °C für *Sinapis alba* als ausreichend.

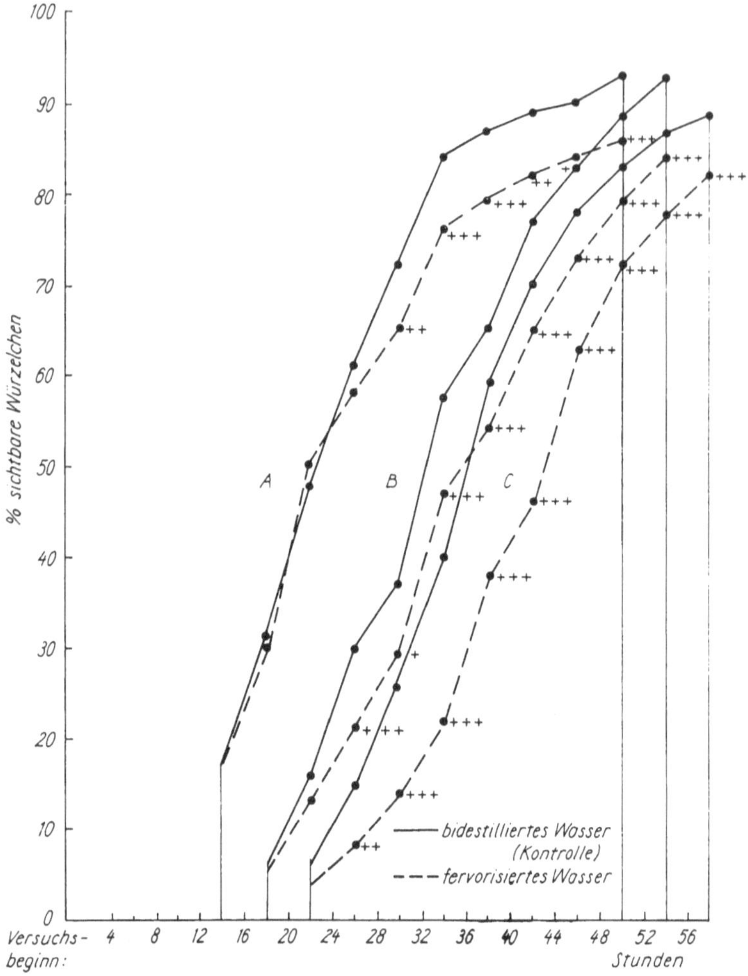

Abb. 3. Verlauf der Wurzelkeimung bei einer langsam keimenden Provenienz von *Sinapis alba* nach 2- (A), 6- (B) und 10stündiger (C) Vorquellung

3.1.2. Zutritt von Sauerstoff und Quelldauer

Nachdem insbesondere bei langen Quellzeiten unter Luftabschluß CO_2-Anreicherung bzw. Sauerstoffmangel die Ursache für Keimungsverzögerung sein könnte, wurde in parallelen Versuchsreihen das Quellen der Samen in Keimschalen unter geringer Wasserbedeckung vorgenommen. Die hierbei erzielten Befunde sind in Tabelle 1 vermerkt. Bei 2stündiger Quelldauer sind gegenüber der Quellung unter Luftabschluß keine Unterschiede festzustellen. Acht Stunden nach Unterbrechung der Quellung wurden die ersten Würzelchen sichtbar. In der 14. bis 16. Stunde traten signifikante Differenzen zwischen den Varianten auf, wobei wiederum FW gegenüber BW zu Keimhemmung führte. Bei längerer Quelldauer (6 und 10 h) wurden die ersten Würzelchen früher sichtbar, aber es bestanden keine signifikanten Unterschiede mehr zwischen den Keimungsraten. Dies veranlaßte uns, allen weiteren Untersuchungen eine 2stündige Vorquellzeit zugrundezulegen.

Tabelle 1

Keimungsgeschwindigkeit (%) von *Sinapis alba* L. bei geringer Wasserbedeckung

Zeit nach Unterbrechung der Quellung in Stunden	Quelldauer in Stunden					
	2		6		10	
	BW	FW	BW	FW	BW	FW
2	—	—	—	—	1	1
4	—	—	1	—	4	3
6	—	—	3	1	20	20
8	1	1	10	9	46	45
10	5	3	31	28	64	62
12	22	18	52	53	81	78
14	58	48^{+++}	71	73	93	90
16	75	51^{+++}	85	87	96	94
18	82	76^{+}	—	—	—	—
20	85	82	—	—	—	—
22	87	87	—	—	—	—
24	91	90	—	—	—	—

3.1.3. Alterung des Wassers

Als Ursache für die Wachstumshemmung war auch die Beschaffenheit des Wassers hinsichtlich seiner „Alterung“ — Verminderung der biologischen Wirksamkeit im Sinne von KLAS (1962) — in Betracht zu ziehen, zumal uns derartige Effekte aus früheren Untersuchungen an Akratothermen geläufig waren (KLOSE 1974_1). Zu diesem Zwecke wurde BW bzw. FW, das am selben Tage der Bidestillationsanlage entnommen und in Flaschen gefüllt worden war, in frischem Zustand bzw. nach 14tägiger Lagerung im Dunklen in seiner Wirkung auf den Keimungsverlauf geprüft. Wie aus Abbildung 4 ersichtlich ist, war nach 14tägiger Lagerung der hermetisch verschlossenen Glasflaschen an Hand der Häufigkeitsprozente der gekeimten Samen bei beiden Varianten keine

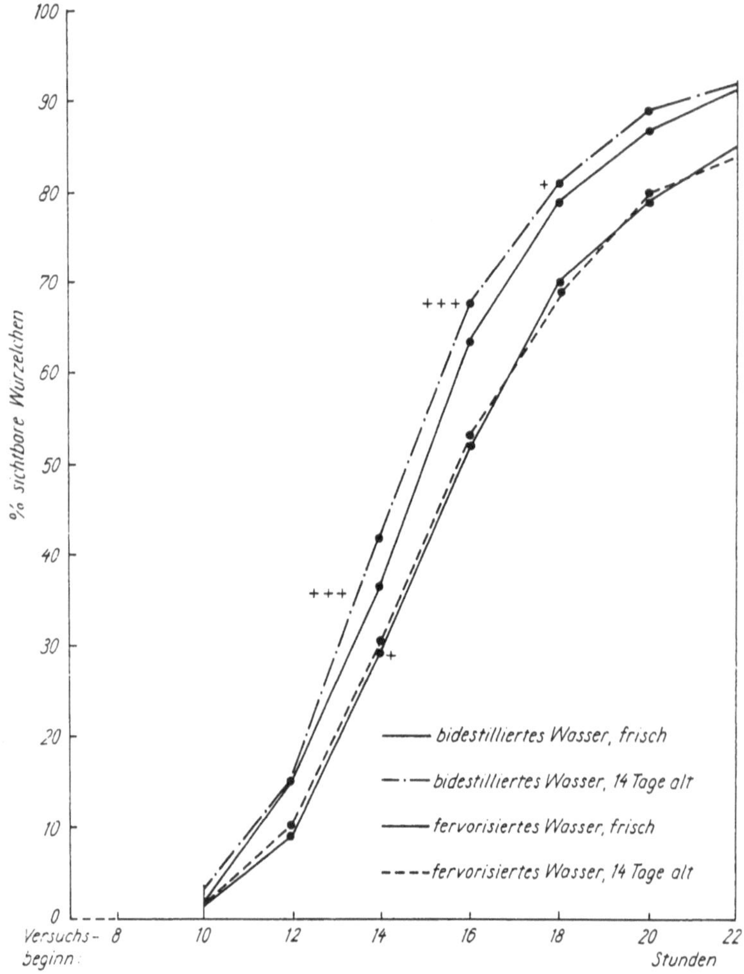

Abb. 4. Verlauf der Wurzelkeimung von *Sinapis alba* nach Quellung in frischem und 14 Tage gelagertem bidestilliertem und fervorisiertem bidestilliertem Wasser

Wirkungsabnahme festzustellen. Während bei BW einige signifikante positive Abweichungen auftreten, erweist sich FW als stabil. Eine Hemmung der Auskeimungsgeschwindigkeit durch Alterung des Wassers ist daher bei 14tägiger Lagerung auszuschließen.

3.1.4. Einflüsse von Licht bzw. Dunkelheit

Als keimungshemmender Faktor erweist sich auch das Licht. Mit Rücksicht darauf, daß bei dem kurzfristigen Zählen der Würzelchen mehrfache Lichtreize wirksam geworden sein könnten, wurde die Wurzelkeimung auch bei

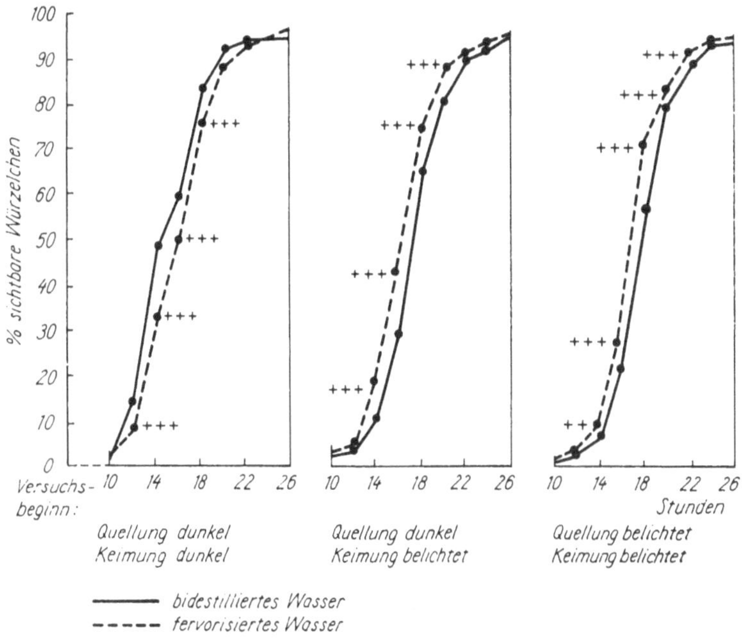

Abb. 5. Verlauf der Wurzelkeimung von *Sinapis alba* nach Dunkelheit bzw. Belichtung von Quellung bzw. Keimung

Belichtung vorgenommen. Als Lichtquelle dienten die bereits erwähnten Lumineszenzlampen „TL 55 de Luxe" mit einer Beleuchtungsstärke von 3500 lx in Keimschalenhöhe. Wie aus Abbildung 5 ersichtlich ist, beeinflußt Belichtung die Wurzelkeimung gegenüber Dunkelheit bei beiden Varianten, jedoch unterschiedlich und in Abhängigkeit vom Zeitpunkt, zu dem der Lichteinfluß erfolgte. Verlaufen Quellung und Keimung der Wurzeln bei Dunkelheit, dann werden bei beiden Varianten die höchsten Keimraten erzielt. Im Vergleich zum BW wirkt FW keimungshemmend. Erfolgt nur die Quellung in Dunkelheit und wird das Licht zu Beginn des Auslegens der Samen in die Keimschalen geboten, dann wird die Keimung der in BW vorgequollenen Samen stärker gehemmt als die der mit FW vorbehandelten. Das hat zur Folge, daß die

Keimungsraten der in FW gequollenen Samen bereits nach 12 Stunden Luftkeimung signifikant über denen der Kontrollvariante liegen, d. h., FW wirkt unter diesen Bedingungen gegenüber BW nicht mehr keimungshemmend, sondern keimungsfördernd. Wird schließlich Licht auch während der Quellung der Samen geboten, dann werden Wurzel- und Sproßkeimung am stärksten gehemmt, jedoch ist auch bei dieser Maßnahme der Hemmeffekt von FW gegenüber BW nicht mehr vorhanden. Bereits bei der dritten Zählung (12stündige Luftkeimung) wirkt FW gegenüber BW fördernd auf die Wurzelkeimung der Senfsamen. Da sich ähnliche Befunde im Dunkelversuch und Betrachten der Samen mit schwachem Licht nicht feststellen ließen, blieben derartige geringe Lichteffekte offensichtlich ohne biologische Wirkung. Der durch starkes Licht induzierte Effekt ist vermutlich ein osmotischer, wobei sich die in FW vorgequollenen Samen bzw. deren Wurzeln als die widerstandsfähigeren erwiesen.

3.1.5. Effekte der Fervorisierungstechnik

Im Hinblick auf die beobachtete Förderung oder Hemmung des Keimungsverlaufes war schließlich auch die Technik des Fervorisierens zu berücksichtigen. Bei allen bisher beschriebenen Untersuchungen war der Füllungsgrad der Transfusionsflaschen einheitlich mit 80% bemessen. Mit dem Füllungsgrad der hermetisch verschlossenen Gefäße ändern sich auch ihre Druckverhältnisse beim Autoklavieren. Dies kann sich auf die Qualität des Wassers auswirken, weshalb neben der 80%igen Füllung auch eine solche von 68%, 55% und 50% im Vergleich mit BW überprüft wurde. Wie aus Tabelle 2 hervorgeht, ändert sich die Wirkung bei beiden Wässern in Abhängigkeit vom Füllungsgrad: Mit abnehmendem Füllungsgrad der Flaschen steigen bei beiden Varianten die Keimungsraten an und erreichen bei 55% einen Maximalwert. Von 55 auf 50% fallen die Werte wieder ab und liegen bei BW im Bereich derer bei maximaler Füllung, während bei FW hochsignifikante Differenzen zwischen beiden Füllungsgraden auftreten. Vergleicht man FW bei maximaler und 50%iger Füllung mit BW, dann zeigt sich eine Umkehr in der Wirkung des FW gegenüber BW, d. h., im Vergleich zur Kontrollvariante wirkt FW gleichen Füllungsgrades hemmend auf die Wurzelkeimung, bei 50%iger Füllung fördernd. Bei 68%iger Füllung sind die Wasserunterschiede nahezu aufgehoben. Die chemische Analyse wies im FW Spuren von *B* und *Si* aus, die mengenmäßig in Abhängigkeit vom Binnendruck während des Autoklavierens standen (s. Tab. 3); Na^{+} und Ca^{++} ließen sich nicht nachweisen (vgl. JOB, KOMMA u. ZEITLINGER 1965, HORSCH 1964).

Um das Herauslösen von Bestandteilen aus Glas zu verhindern, wurden Versuche durchgeführt, bei denen die Fervorisierung des Wassers in Folie-

Tabelle 2

Beziehungen zwischen der Keimungsgeschwindigkeit (%) und dem Füllungsgrad der Transfusionsflaschen

Stunden nach Versuchsbeginn	BW Füllungsgrad der Flaschen (%)				
	80	68	55	50	GD
10	5	5	9	7	5,0% = 4
12	25	28	35^{+++}	23	1,0% = 5
14	53	61^{+++}	78^{+++}	52	0,1% = 6
16	88	85	89	82^{+++}	
18	96	95	95	92^{+}	
20	98	96	98	96	
22	99	98	100	98	

Stunden nach Versuchsbeginn	FW Füllungsgrad der Flaschen (%)			
	80	68	55	50
10	4	6	13^{+++}	9^{++}
12	15	30^{+++}	41^{++}	31^{+++}
14	43	68^{+++}	82^{+++}	73^{+++}
16	76	87^{+++}	93^{+++}	87^{+++}
18	93	94	96	96
20	97	98	99	98
22	97	98	100	99

Tabelle 3

Chemische Analyse der unterschiedlich fervorisierten Wässer (∅ = nicht nachweisbar)

Variante	Gehalt µmol/l				pH
	Na	Ca	B	Si	
BW					5,55
glasfervorisiert 50% gefüllt	∅	∅	4,6	3,1	5,30
glasfervorisiert 80% gefüllt	∅	∅	6,9	4,2	5,71
Folienbeutel 80% gefüllt	∅	∅	∅	∅	5,55

beuteln erfolgte. Diese ließen sich mit etwas Geschick in die Glasflaschen einbringen und mit deren Gummikappen und Schraubdeckeln hermetisch verschließen. Die Füllung der Foliebeutel wurde zu 80% und 50% vorgenommen. Bei maximaler Füllung wurde die gegenüber BW gefundene Wirkung des glasfervorisierten Wassers vollständig aufgehoben (s. dazu Tab. 3 u. Abb. 6). Das läßt deutlich erkennen, daß Anionen an der Keimungshemmung beteiligt sind.

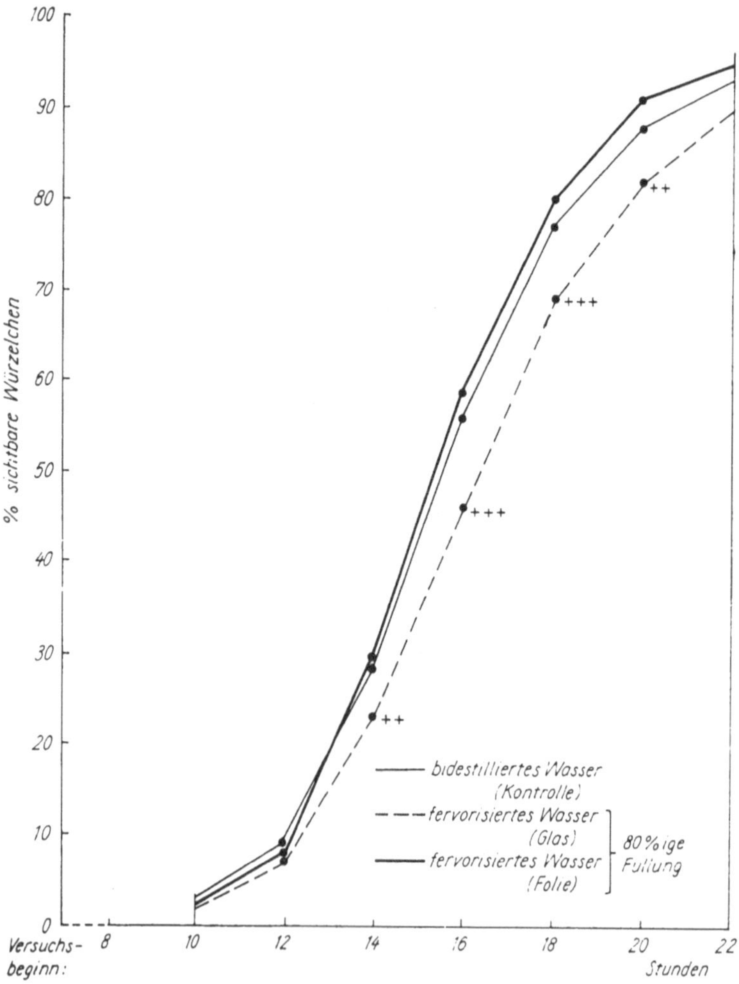

Abb. 6. Verlauf der Wurzelkeimung von *Sinapis alba* L. und bidestilliertem Wasser (Kontrolle), glas- und foliefervorisiertem Wasser (Füllungsgrad 80%)

Bei nur 50%iger Füllung der Foliebeutel zeigten sich signifikante Differenzen zwischen den Foliebeutelwässern, wobei bei geringerem Füllungsgrad die Keimungsraten anfänglich noch über denen bei maximaler Füllung lagen (Abb. 7). Daraus geht hervor, daß sich die FW nicht nur durch aus dem Glas gelöste Bestandteile unterscheiden, sondern auch durch einen weiteren Faktor, der durch das Verhältnis von Wasser- und Luftvolumen in der Flasche bestimmt ist.

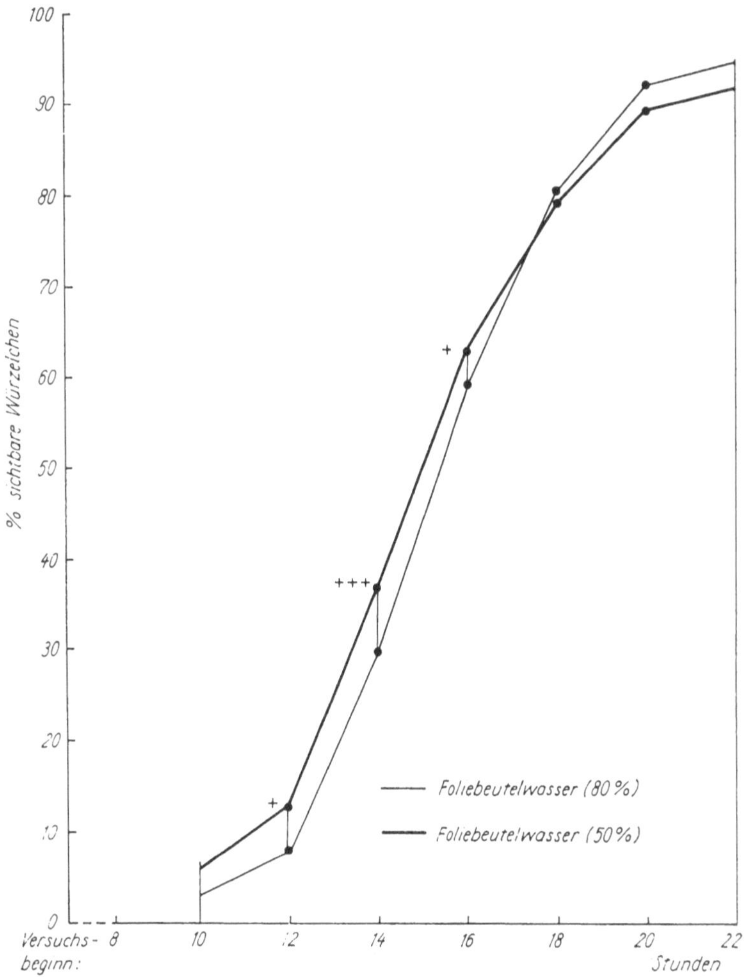

Abb. 7. Verlauf der Wurzelkeimung in autoklaviertem Foliebeutelwasser bei unterschiedlichem Füllungsgrad

3.1.6. Untersuchungen mit Modellösungen

Zur weiteren Klärung der Hemmungs- bzw. Förderungserscheinungen wurden Versuche mit Modellösungen eingeleitet, in denen zunächst die Wirkung von *B* auf die Keimung von *Sinapis alba* studiert werden sollte. Zusatz von 0,92 μmol/l sowie 27,7 μmol/l *B* (in Form von Borsäure) zum BW erhöhte die Zahl der sichtbaren Würzelchen gegenüber BW nach 10- und 12stündigem Auslegen der Samen in die Keimschalen. Die pH-Werte der Borlösungen lagen bei pH 5,5. Durch Hinzufügen von 20,9 μmol/l *Na* (in Form von Na_2CO_3) zum BW wurde der pH-Wert auf 6,5 erhöht, wobei die Keimungsraten gegenüber

Tabelle 4

Wirkung von Borsäure auf die Keimungsgeschwindigkeit (%) von *Sinapis alba* L.

Stunden nach Versuchsbeginn	BW (Kontrolle; pH = 5,55)	B (pH = 5,5)	
		0,92	27,7 μmol/l
10	9	10	9
12	46	49^{++}	51^{+++}
14	73	78^{+++}	77^{+++}
16	90	91	90
18	96	97	95
20	98	98	98
22	99	99	99

Tabelle 5

Wirkung von Na_2CO_3 auf die Keimungsgeschwindigkeit (%) von *Sinapis alba* L.

Stunden nach Versuchsbeginn	BW (Kontrolle) pH			FW pH	
	5,55	6,5	9,0	6,5	9,0
10	9	13^{+++}	4^{+++}	20^{+++}	8
12	46	45	11^{+++}	57^{+++}	28^{+++}
14	73	84^{+++}	42^{+++}	88^{+++}	69^{+++}
16	90	93^{++}	74^{+++}	94^{+++}	90
18	96	95	87^{+++}	97	95
20	98	98	94^{+++}	99	96
22	99	99	96^{++}	99	98

Na-freiem BW anstiegen. Wurden 20,9 µmol/l *Na* einer durch mehrtägiges Schütteln aus reinem Bergkristall hergestellten Quarzkieselsäurelösung (0,96 µmol/l) zugefügt (vergl. ENGEL 1958), dann führte dies zu einer weiteren Steigerung der Keimungsraten, woran die *Si*-Wirkung deutlich wird. Eine pH-Verschiebung auf 9,0 bewirkte bei beiden Varianten gegenüber pH 6,5 eine signifikante Minderung der Keimungsraten, wobei trotzdem die *Si*-Wirkung gegenüber der Kontrolle vom gleichen pH-Wert erkennbar bleibt. Die erzielten Befunde sind aus den Tabellen 4 und 5 ersichtlich.

In weiteren Versuchen wurden nunmehr dem bei hohem Binnendruck autoklavierten Wasser vor Versuchsbeginn 20,9 µmol/l *Na* zugefügt und die Flasche durch vorsichtiges Kippen bewegt. Das hatte zur Folge, daß die hemmende Wirkung des Fervorwassers nicht nur vollständig aufgehoben, sondern die Keimungsraten über die des BW erhöht wurden (s. Abb. 8).

3.1.7. Untersuchungen mit Thermalwasser

Weitere mit Thermalwasser von Janské Lázně/ČSSR (Johannisbad) zur Durchführung gelangten Keimversuche zeigten ähnliche Ergebnisse wie die mit FW bei maximaler Füllung der Transfusionsflaschen. Frisches Thermalwasser (pH 7,5) wirkte im Vergleich zu BW (pH 5,55) hemmend auf die Auskeimungsgeschwindigkeit der Wurzeln von *Sinapis alba*. Wurzeln von Samen, die in BW vorgequollen wurden, waren länger als die mit Thermalwasser behandelten. Zu ähnlichen Ergebnissen gelangte DYBOWSKI (1942) beim Studium von Johannisbader Thermalwasser auf Keimung und Wachstum von Markerbsen-, Buschbohnen-, Kürbis- und Sonnenblumensamen. Im Gegensatz zu BW, das bei unterschiedlichem Füllungsgrad der Flaschen fervorisiert worden war, hatte ein unterschiedlicher Füllungsgrad bei der Entnahme direkt an der Quellfassung keinen Einfluß auf die Auskeimungsgeschwindigkeit. Thermalwasser aus 100-, 80- und 50%ig gefüllten Flaschen löste gegenüber BW den gleichen Hemmeffekt aus (s. Abb. 9). In hermetisch verschlossenen Flaschen 20 Tage lang aufbewahrtes Thermalwasser führte noch zu reproduzierbaren Befunden. In allen Untersuchungen wies das verwendete Saatgut bei beiden Varianten schon 18 Stunden nach dem Auslegen in die Keimschalen zu 90% eine Wurzelkeimung auf.

3.2. Sproßkeimung und Einflußfaktoren

3.2.1. Untersuchungen mit Fervorwasser

Mit dem Sichtbarwerden des Würzelchens ist die Keimung noch nicht abgeschlossen. Bei der epigäischen Keimung der Senfpflanze werden auch die Keimblätter aus der Samenschale herausgehoben und durch das Hypokotyl an die

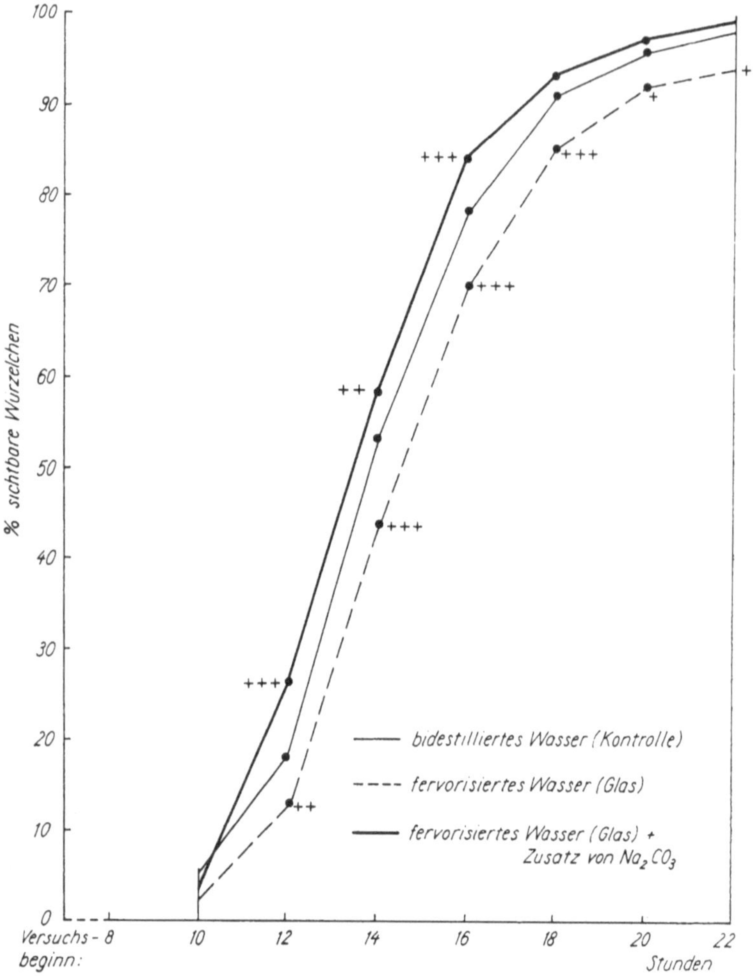

Abb. 8. Verlauf der Wurzelkeimung von *Sinapis alba* L. nach Quellung in fervorisiertem bidestilliertem Wasser und unter Zusatz von Na_2CO_3

Oberfläche gestreckt. Aus diesem Grunde wurden in einigen Versuchsreihen (vgl. Abb. 5) die Samen nach der Zählung der Würzelchen in den Keimschalen belassen und weiter beobachtet. 28 Stunden nach dem Auslegen der Samen in die Keimschalen wurden die ersten Sproßkeime sichtbar. Wie die Abbildung 10 erkennen läßt, erfuhr die Sproßkeimung trotz Dunkelheit von der 34. Stunde an eine signifikante Förderung durch FW gegenüber BW. Erfolgte nach Abschluß

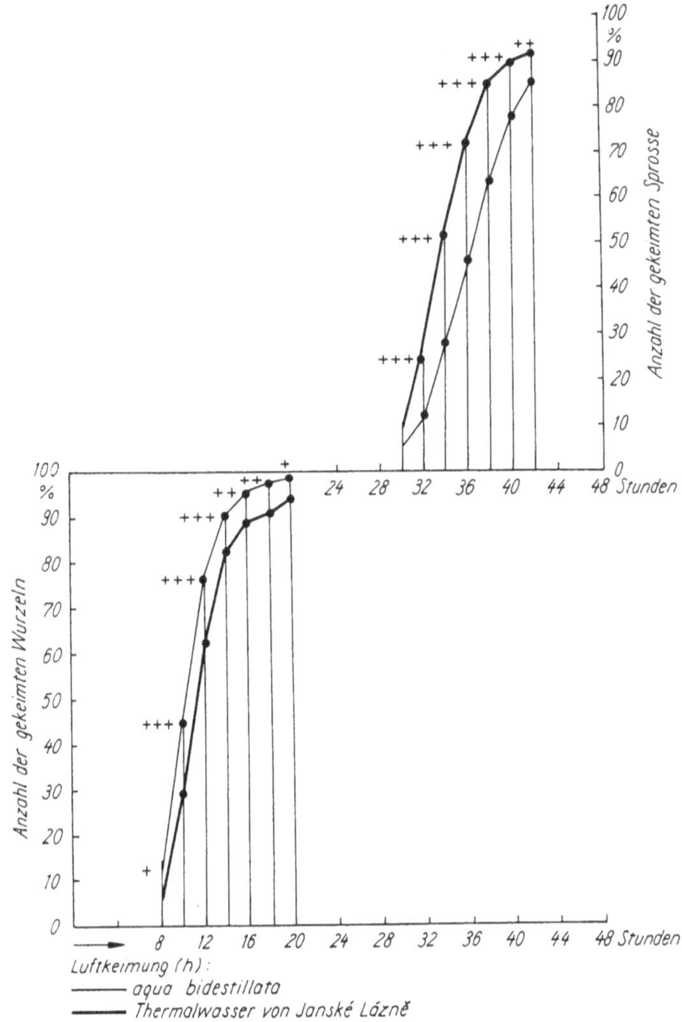

Abb. 9. Verlauf der Wurzel- bzw. Sproßkeimung unter Einwirkung von Aqua bidestillata und Thermalwasser aus Janské Lázně

der Wurzelkeimung in der 24. Stunde eine Belichtung, dann erschienen wiederum nach der 28. Versuchsstunde die ersten Sproßkeime. Im Vergleich mit dem Dunkelversuch war die Sproßkeimung sowohl bei BW als auch FW signifikant erhöht, jedoch im FW in stärkerem Ausmaß als in BW. FW wirkte wie im Dunkelversuch auf die Sproßkeimung fördernd gegenüber BW. Durch diese

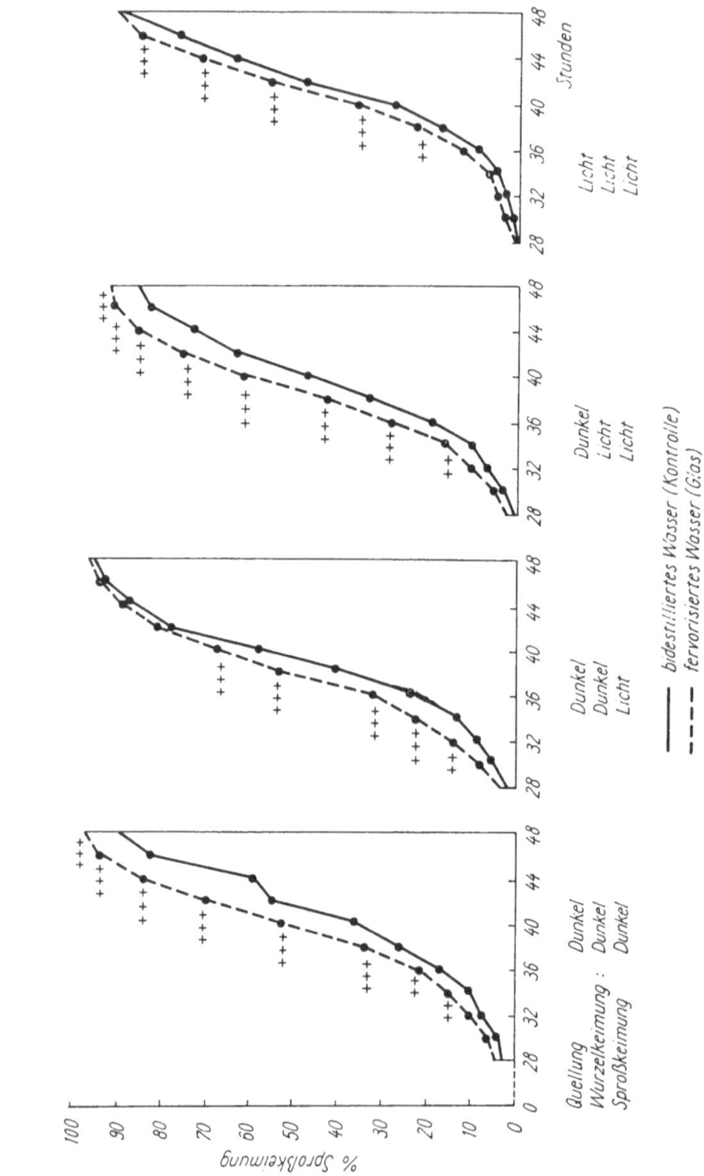

Abb. 10. Verlauf der Sproßkeimung von *Sinapis alba* bei Dunkelheit bzw. Belichtung sowie nach unterschiedlicher Vorbehandlung von Quellung und Keimung der Wurzeln

Versuchsbedingungen (Wurzelkeimung in Dunkelheit, Belichtung bei der Sproßkeimung) wurden die höchsten Keimungsraten sowohl bei Wurzeln als auch bei Sprossen erzielt. Belichtung während der Wurzelkeimung hemmte diese gegenüber Dunkelheit bei beiden Varianten, jedoch war der Hemmeffekt bei FW deutlich geringer. Das bedeutet, daß beim Vergleich der Varianten FW sowohl auf die Wurzelkeimung als auch auf die Sproßkeimung fördernd Einfluß nahm. Erfolgte die Belichtung während der gesamten Versuchszeit, also über Quellung und Keimung hinweg, dann zeigte sich der größte Hemmeffekt sowohl bei Wurzeln als auch bei Sprossen. In allen Versuchsreihen, d. h. unabhängig vom Licht, verlief jedoch die Sproßkeimung bei Verwendung von FW gegenüber BW gefördert.

3.2.2. Untersuchungen mit Thermalwasser

Zu ähnlichen Ergebnissen wie die bereits beschriebenen Versuche mit FW führten Untersuchungen mit Thermalwasser von Janské Lázně. Mit dem Einsetzen der Sproßkeimung und damit der stofflichen Beziehungen zwischen Wurzel und Sproß änderte sich die Thermalwasserwirkung auf dem Keimling. Ebenso wie FW wirkte Thermalwasser am Sproßpol fördernd auf die Auskeimungsgeschwindigkeit von *Sinapis alba* (s. Abb. 9). Eine 20tägige Aufbewahrung des Thermalwassers in den hermetisch verschlossenen Transfusionsflaschen blieb ohne Einfluß auf die Reproduzierbarkeit der Befunde. Eine sogenannte „Alterung“ im Sinne von Klas (1962) war nicht festzustellen.

3.3. Wasserkultur-Versuche

Ziel der Untersuchungen war es, die bei der Sproßkeimung beobachtete Förderung des FW im Wasserkultur-Versuch weiter zu verfolgen. Wie aus Abbildung 11 ersichtlich ist, weisen Keimpflanzen sechs Tage nach dem Einsetzen in die fervorisierte Nährlösung ein gehemmtes Wachstum an Wurzeln und Sprossen auf; nach 20tägigem Wachstum in der Nährlösung sind die Unterschiede zwischen den Varianten ausgeglichen. Es folgte eine Phase intensiven Wachstums, wobei die in fervorisierter Nährlösung sich entwickelnden Individuen die Kontrollpflanzen überholen (Tab. 6). Dabei zeigen sich weitere Unterschiede in Abhängigkeit vom Leuchtstoffröhren-Typ, unter dem die Pflanzen wuchsen. Tageslicht mit relativ hohem Anteil an Blaulicht („TL 55“) fördert das Wachstum der Senfpflanzen gegenüber „Tageslicht 10“ (Abb. 12). Am weiteren Sproß-Wurzel-Verhältnis (6:1) wird die bessere Wurzelleistung bei relativ hohem Blaulicht-Anteil erkennbar. Im gleichen Wachstumszeitraum wird unter „Tageslicht-10“-Leuchtstofflampen nur ein Sproß-Wurzel-Verhältnis von 5:1 bzw. 4:1 erreicht (Tab. 5).

Abb. 11. Senfpflanzen bei Anzucht in von der Croneschen Nährlösung unter Belichtung mit TL-10-Leuchtstofflampen.
a) Alter 6 Tage BW: bidestilliertes Wasser b) Alter 24 Tage FW: fervorisiertes Wasser

Tabelle 6

Wachstum und Wasserverbrauch von *Sinapis alba* L. (⌀ von 3 Pflanzen, n = 5)

Licht-quelle	Variante	Alter der Pflanzen in Tagen	Frischmasse (g)		Sproß	Wasserverbrauch	
			Sproß	Wurzel	Wurzel	absolut (ml)	relativ (%)
TL 10	BW	20	4,08	0,82	5:1	195	488
	FW	20	3,74	0,68	5,5:1	172	487
TL 10	BW	24	$5{,}86^{+}$	1,09	5:1	254	497
	FW		$6{,}54^{++}$	$1{,}58^{+++}$	4:1	265	406^{+}
TL 55	BW	24	5,28	0,83	6:1	246	466
	FW		$8{,}49^{+++}$	$1{,}45^{+++}$	6:1	305	339^{+++}

Berechnet man den in der gesamten Wachstumszeit entstandenen Wasserverbrauch in Prozenten der erzeugten Frischmassen, dann zeigt sich, daß unter Blaulicht-Einfluß der relative Wasserverbrauch niedriger ist als unter höherem Rotlicht-Anteil. Unter beiden Lichtqualitäten ist der Effekt in der fervorisierten Nährlösung signifikant größer als in der mit BW zubereiteten (Tab. 5). Die pH-Werte der Nährlösungen, die zu Versuchsbeginn bei 6,2 lagen, waren bei Versuchsabschluß auf 6,8 angestiegen.

4. Diskussion der Ergebnisse

4.1. Physikalische Überlegungen (4.1.1.) und ergänzende Versuche (4.1.2.) zur Fervorisation

Die Durchsicht der bisher vorliegenden Literatur zum Fervorisierungsprozeß macht es erforderlich, ausführlicher auf die physikalischen Grundprozesse dieser Technik einzugehen. Aus Gründen exakter Reproduzierbarkeit von Fervorisierungsversuchen sind jeweils folgende Angaben unerläßlich:

1. Betreiben des Autoklaven (Druck? Temperatur?).
2. Benutzte Gefäße (offene? hermetisch verschlossene? Art? Anzahl?).
3. Größe des Autoklaveninnenraumes im Verhältnis zu den eingebrachten Flüssigkeitsmengen bei Benutzung offener Gefäße.
4. Bei Verwendung hermetisch verschlossener Gefäße Berücksichtigung des Anteils der darin enthaltenen Flüssigkeitsmengen (= Füllungsgrad) und ihr Verhältnis zum überstehenden Gasraum.

Abb. 12. Senfpflanzen, 24 Tage alt, bei Anzucht in von der Croneschen Nährlösung unter Belichtung mit Leuchtstofflampe „TL 55 de luxe".
BW: bidestilliertes Wasser FW: fervorisiertes Wasser

Die Temperatur- und Druckbedingungen in den mit Wasser gefüllten verschlossenen Transfusionsflaschen sind nicht mit denen im Autoklavenraum identisch. Änderungen der Relation Wasservolumen/Luftvolumen in den Gefäßen bedingen auch Änderungen der Relation von Temperatur/Druck.

Für unsere Versuche sind folgende Daten zu nennen:

Autoklav: Type 9505-0001 (VEB Medizintechnik Berlin)
Gesamtvolumen der Transfusionsflaschen: 1250 ml
Autoklavenbetrieb: 121 °C — 1 atü
Fervorisierungsdauer: 12 Minuten
Sättigungsdrücke und -temperaturen in den Flaschen während der Fervorisation in Abhängigkeit vom Füllungsgrad (Näherungswerte):

Füllungsgrad	Sättigungsdruck	Sättigungstemperatur
80%	2,8 at = 2,74 bar	130,5 °C
68%	2,5 at = 2,45 bar	126,8 °C
50%	2,4 at = 2,35 bar	125,4 °C

Bei der Fervorisation unter Benutzung verschlossener Gefäße, die eine konstante Konzentration des eingebrachten Flüssigkeit-Dampf-Luftgemisches behalten, entstehen bei Temperatursteigerung Gas-Dampf-Gemische unter Bildung von gesättigtem Wasserdampf bzw. „Naßdampf" und überhitztem Dampf. Dabei resultiert eine beträchtliche Erhöhung des Wasserdampfvolumens (sie beträgt nach Schmidt (1975 u. 1977) zwischen 4 und 100 °C das 1673fache), die sich im verschlossenen Gefäß nur als Druckerhöhung auswirken kann und zu der sich noch der Partialdruck der in der Flasche vorhandenen Gasanteile addiert. Nach Christensen bzw. Münzel (1954) läßt sich die Abhängigkeit der Gefäßbinnendrücke vom Füllungsgrad der Gefäße bei 120 °C und 1 atü folgendermaßen angeben (Tab. 7):

Tabelle 7

Zunahme des Binnendruckes in Abhängigkeit vom Füllungsgrad der Flaschen (Druckdifferenz = Binnendruck minus Druck im Autoklavenraum)

Füllungsgrad	Binnendruck (bei 120 °C und 1 atü)	Druckdifferenz
50%	2,4 at	1,4 at
68%	2,5 at	1,5 at
85%	3,0 at	2,0 at
90%	3,8 at	2,8 at
99%	∞	∞

Unter normalen Luftbedingungen kann der Einfluß der Luft auf den Sättigungsdruck eines Gas-Dampf-Gemisches vernachlässigt werden (Elsner 1980), bei höheren Drücken jedoch nicht (Matz u. Matz 1971), da dann das Gesetz für ideale Gase sowie das Daltonsche Gesetz nicht mehr gelten. In einem gesättigten Gas-Dampf-Gemisch liegt die Druckabhängigkeit des Sättigungsdruckes im Größenbereich zwischen 1 und 10 bar unter 1% (Baehr 1981, S. 218). Bezüglich des spezifischen Luftvolumens besteht eine deutliche Druckabhängigkeit, aber ein kaum merklicher Einfluß der Temperatur, wie Tabelle 8 zeigt.

Tabelle 8

Abhängigkeit des spezifischen Luftvolumens von Druck und Temperatur (nach Baehr u. Schwiet 1961)

t	p = 1 bar	p = 2 bar	p = 3 bar
°C	v = dm³ · kg⁻¹		
90	1043,1	521,58	348,55
100	1071,9	535,98	358,16
110	1100	550,38	367,77
120	1129,4	564,78	377,38
130	1158,1	579,17	386,98

Nach Abschluß der Fervorisation (12 Minuten) und Absinken der Temperatur im Autoklaven während 30 Minuten auf 100°C treten Entmischungsvorgänge auf, die durch „Kondensation, Destillation und Rektifizierungsvorgänge" (Schmidt, Stephan u. Mayinger 1975 u. 1977) gekennzeichnet sind. Im Ausgleich derartiger Ungleichgewichte in „Mehrstoffsystemen" werden dabei sich überlagernde „Transportvorgänge" wirksam, die im Falle der Kondensation von Dampf-Gas-Gemischen als gekoppelte Wärme-Stoff-Übertragungsvorgänge anzusprechen sind. Die Transportgrößen (Nicht-Gleichgewichtgrößen) sind hierbei die Viskosität, die Wärmeleitzahl und der Diffusionskoeffizient.

Der Diffusionskoeffizient als das Verhältnis des wirkenden Dichtegradienten und resultierenden Masseflusses ist temperatur-, druck- und konzentrationsabhängig. Bei Gasen ist die Diffusion nur gering von der Konzentration abhängig, in der flüssigen Phase ist sie stark mit der sogenannten „Fluidität" bzw. der Flüssigkeitsstruktur verknüpft, ohne daß „die sehr komplizierte gegenseitige Temperaturabhängigkeit der Diffusion und der Fluidität durch rein formale Überlegungen, z. B. gemäß der Thermodynamik irreversibler

Prozesse erfaßt werden kann" (zit. nach LANDOLT u. BÖRNSTEIN, II/5a, 1962—1976). In den Druckbereichen für die Fervorisation wird die Viskosität wenig beeinflußt. Die Transportgrößen Viskosität und Diffusion stehen in keiner direkten Beziehung zueinander (GLIETENBURG 1965, s. dazu auch HAASE 1963 und die Entropieüberlegungen von HÖLSCHER 1972).

Der Zahlenwert der sogenannten „Löslichkeit" charakterisiert den Gleichgewichtszustand eines Zwei- oder Mehrkomponentensystems mit den Phasen Gas-Flüssigkeit bezogen auf Temperatur-Druck-Konzentrationen. Für unsere Versuchsbedingungen interessierte die Frage, ob sich nach dem Einfüllen von BW bei unterschiedlichem Wasservolumen unter einer Arbeitstemperatur von 25 °C ein Lösungsgleichgewicht einstellt. Wenn angenommen würde, daß das BW gasfrei und der überstehende Luftraum trocken ist, läßt sich für diese Temperatur, die bei unseren Pflanzenversuchen eingehalten wurde, und einem BUNSENschen Absorptionskoeffizient für Sauerstoff von $\alpha_{O_2} = 0{,}02831$ der entsprechende O_2-Gehalt in allen gewählten Füllungsprozentbereichen $= 0{,}00575$ ml/mlH_2O berechnen. Die bei einem Füllungsgrad von 80% in der Flasche vorhandenen 250 ml Luft werden bei 25 °C um rund 19 ml Absorption in das Wasser verringert. Damit sänke der Binnendruck um ca. 0,08 at; bei Füllungsgraden von 68% um 0,04 und bei 50% um 0,02 at. Dieser Betrag wird noch geringer, wenn man berücksichtigt, daß das vorhandene Wasser Wasserdampf an den überstehenden Luftraum abgibt.

Nach Untersuchungen von WINKLER im Bereich von 0 bis 30 °C kann der Sauerstoffgehalt der gelösten Luft mit etwa 1/3 des Volumens angegeben werden. Die WINKLERschen Werte sind auch in andere Tabellenwerke übernommen worden (D'ANS-LAX 1967, GMELIN 1958). Im Band IV, 4. Teil, Bestandteil C_1: Absorption in Flüssigkeiten von niedrigem Dampfdruck (LANDOLT u. BÖRNSTEIN 1962—1976) sind zahlreiche Ergebnisse von Absorptionsmessungen enthalten. Zu den Meßwerten wird dort vermerkt: „Die Genauigkeit der vorhersagbaren Gaslöslichkeit ist unterschiedlich, meist jedoch nicht groß. Soll die Ungenauigkeit von Löslichkeitswerten geringer als 1% sein, ... so wird man auf eine direkte Messung der Gaslöslichkeit insbes. bei extremen Temperaturen und Drücken ... nicht verzichten können."

Aus der Abbildung 1 dieser Arbeit (halblogarithmisch dargestellte Löslichkeitskurven) wurden die Löslichkeiten (KUENENsche Löslichkeitskoeffizienten) von O_2, N_2 und CO_2 für den Temperaturbereich von 0—150 °C entnommen (Abb. 13). Die Löslichkeitswerte gelten nur für den Sättigungsdruck bei der betreffenden Temperatur.

Für den für unsere Versuche besonders interessierenden Temperaturbereich wurden aus vorstehend zitiertem Diagramm die Löslichkeitswerte für O_2 zwischen 60 und 140 °C entnommen und auf Millimeterpapier umgezeichnet (Abb. 14). Die Löslichkeitskurve für O_2 in Wasser läßt erkennen, daß sowohl

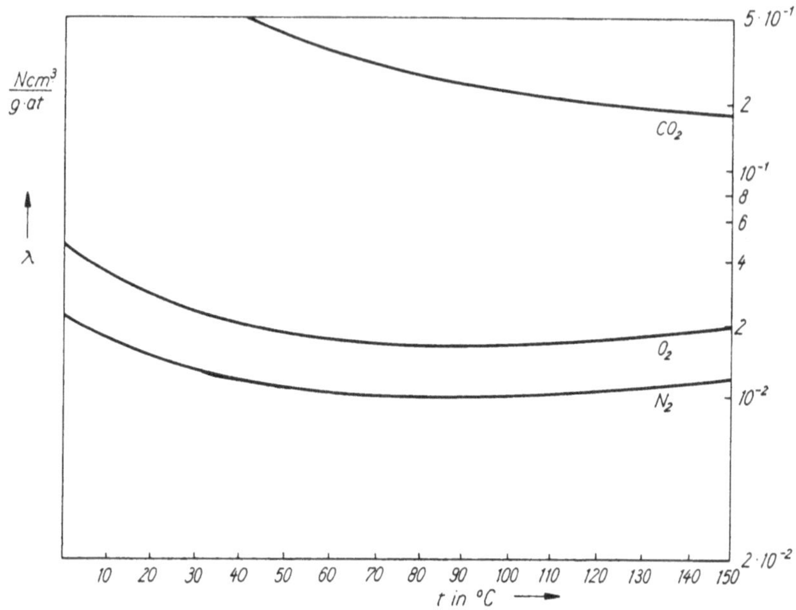

Abb. 13. Darstellung der Kuenenschen Löslichkeitskoeffizienten für O_2, N_2 und CO_2 im Temperaturbereich von 0—150 °C

oberhalb als auch unterhalb von 100 °C die Sauerstoffabsorption ansteigt. In der nachfolgenden Aufstellung sind die Näherungswerte gleicher Sauerstoffabsorption bei der Fervorisationstemperatur und bestimmten Temperaturen in der Abkühlungsphase des FW den gewählten Füllungsgraden der Flaschen zugeordnet:

Gleiche O_2-Absorption	Füllungsgrad
bei 131 °C und 65,5 °C	80%
bei 127 °C und 70,5 °C	68%
bei 126 °C und 71,0 °C	50%

Die Löslichkeitskurve, die Punkt für Punkt die Sättigungswerte (Löslichkeiten nach eingestelltem Gleichgewicht) anzeigt, erscheint aus der Sicht des Fervorisationsgeschehens in ihrer Aussage weniger repräsentativ, weil mit großer Wahrscheinlichkeit anzunehmen ist, daß im Verlauf der Abkühlung (30 min) nach der Druckerhitzung des Wassers (12 min) bei der Temperatur von 100 °C noch nicht der Zustand erreicht ist, den man als Gleichgewichtszustand bezeichnen kann. Im Temperaturgang haben wir es mit Gleichgewichtsverschiebungen zu tun, die nach Temperatur und Zeit ungleichmäßig verlaufen.

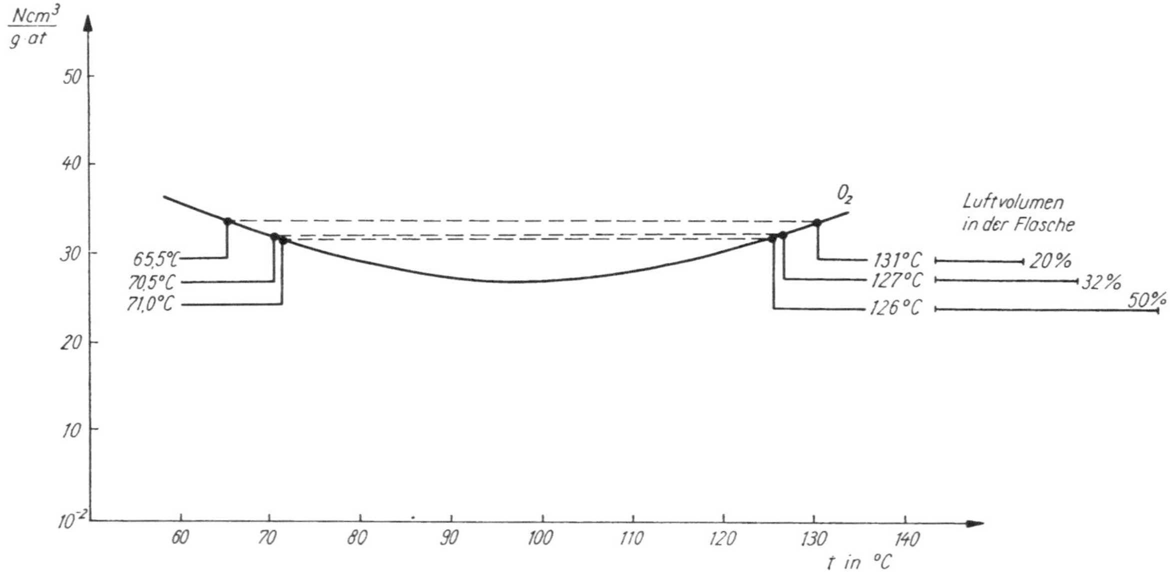

Abb. 14. Darstellung des KUENENschen Löslichkeitskoeffizienten für O_2 im Bereich zwischen 60 und 140 °C; Umzeichnung auf Millimeterpapier (s. Text)

So muß angenommen werden, daß die bei 131 °C in Flaschen mit 80%iger Füllung sich einstellende Sättigung mit Sauerstoff bzw. Luft und dementsprechende molekular-physikalischen Zustände teilweise bis in niedere Temperaturbereiche metastabil erhalten bleiben. Die nach der Löslichkeitskurve bei 100 °C im Gleichgewichtszustand geltenden Lösungsverhältnisse werden nicht erreicht. Die „Realkurve" für die Sauerstoffabsorption in abkühlendem FW würde bei 100 °C höhere Löslichkeitswerte zeigen. Analoge Überlegungen gelten auch bei Füllungen von 68% und 50%.

Die drei verschiedenen Zustandsbereiche (Flascheninhalte) unterscheiden sich nicht wesentlich durch Temperatur- bzw. Druckunterschiede bei der Fervorisierung, wohl aber durch den Volumenanteil Luft.

Man muß FW folgerichtig in gewissem Umfang als metastabil bezeichnen. Es kann angenommen werden, daß sich der im Temperaturbereich über 100 °C bei der dort gegebenen besseren Löslichkeit des Sauerstoffs vorhandene Zustand der flüssigen Phase bei der Abkühlung bis zu Temperaturen von 25 °C und darunter als metastabil mehr oder weniger erhalten kann. Solche „metastabilen Phasen" sind existenzfähig und können mit anderen Phasen koexistieren.

Der Effekt von FW wäre demzufolge identisch mit Nichtgleichgewichtszuständen, die in offenen oder hermetisch verschlossenen Gefäßen bei der Erhitzung des Wassers unter Sättigungsbedingungen im Autoklaven erzeugt werden können und die bei der Abkühlung metastabil erhalten bleiben. Von Bedeutung sind dabei neben der auftretenden Temperatur- und Druckerhöhung das Volumenverhältnis von Wasser zum überstehenden Luftraum sowie die Eigenschaft der Gase (O_2, N_2, Ar), im Temperatur-Druckbereich der Sättigung eine größere Löslichkeit zu besitzen als bei 100 °C.

4.1.2. Ergänzende Versuche

Je 4 Blutkonservenflaschen (1250 ml Inhalt) wurden mit BW (luftgesättigt, 24 h Luftkontakt seit Herstellung) bis zu 625 ml (= 50%ige Füllung), 850 ml (= 68%ige Füllung) bzw. zu 1000 ml (= 80%ige Füllung) gefüllt, mit Formgummistopfen und Schraubkappe verschlossen und im Autoklav (Heißdampfsterilisator) 12 min auf 121 °C erhitzt. Nach Druckabfall und Absinken der Temperatur auf < 100 °C (ca. 1 h) wurden der Autoklav geöffnet und die Flaschen entnommen, die über Nacht auf Zimmertemperatur abkühlten.

24 Stunden nach dem Autoklavieren wurde in allen Wasserproben der pO_2-Wert gemessen (pO_2-Meter M 65 F des VEB METRA Meß- und Frequenztechnik Radebeul mit Mikromeßkammer). Die Temperatur der Wasserproben betrug 20 °C.

Der Sauerstoffgehalt der untersuchten Wasserproben wurde nach der Formel $[O_2]_x = [O_2]_s \times pO_2/159$ berechnet.

Als Wert für die Löslichkeit des Sauerstoffs in Wasser bei Sättigung mit Luft (760 Torr, 20°C) wurde $[O_2]_s = 9{,}1$ mg/l = 6,4 ml/l eingesetzt.

Der pH-Wert der Wasserproben wurde elektrometrisch mit dem Digital-pH-Meter MV 87 (VEB Präzitronik Dresden) gemessen. Das Ergebnis ist in der Tabelle 9 dargestellt.

Tabelle 9

Wassertyp	Temperatur	pO_2 (Torr)		Gehalt an O_2 mg O_2/l Wasser	pH
BW	20°C	143,	143	8,20	5,76
FW (50% Füllung)	20°C	139, 138,	139 139	7,95	5,51
FW (68% Füllung)	20°C	137, 138,	137 (62!)	7,84 (3,55)	5,56
FW (80% Füllung)	20°C	134, 134,	135 (98!)	7,67 (5,60)	5,62

Tabelle 10

Füllungsgrad	Sättigungsdruck	Sättigungstemperatur	O_2-Konzentration bei Sättigungsbedingung mg/l Wasser	O_2-Konzentration nach Fervorisieren bei 20°C mg/l Wasser
80%	2,8 at	131°C	5,03	7,76
68%	2,5 at	127°C	4,91	7,84
50%	2,4 at	125°C	4,85	7,95

Es zeigt sich ausnahmslos eine geringe Abnahme des Sauerstoffgehaltes im FW. Eine Abhängigkeit der Verringerung des Sauerstoffgehaltes vom Füllungsgrad der Flasche deutet sich an. Bei höchstem Füllungsgrad der Flasche und damit höherem sich einstellenden Binnendruck ist die Abnahme der Sauerstoffkonzentration im Wasser am deutlichsten.

In Tabelle 10 sind die Sauerstoffkonzentrationen im Wasser bei den jeweiligen Sättigungsbedingungen (Druck, Temperatur) den gemessenen Sauerstoffkonzentrationen im FW nach Abkühlung auf 20 °C für die gewählten Füllungsgrade der Flaschen gegenübergestellt. Bei einer höheren Sauerstoffkonzentration im Wasser unter Sättigungsbedingungen wurde eine niedrigere Sauerstoffkonzentration im abgekühlten FW gemessen.

Dieses Ergebnis stützt die Vermutung, daß die bei höherer Sättigungstemperatur und höherem Sättigungsdruck bewirkte höhere Sauerstoffkonzentration im Wasser über die Ausbildung metastabiler (energiereicher) Phasen im System Luft-Wasserdampf-Wasser einer bei der Abkühlung des FW zunehmenden Absorption von Sauerstoff entgegenwirkt.

FW weist eine geringfügige Verschiebung des pH nach kleineren Werten auf. Die durch die Druck-Temperaturbedingungen bei der Fervorisation sowie durch unterschiedliche Füllungsgrade bedingte Veränderung der Lösung von CO_2 scheint auch bei Abkühlung erhalten zu bleiben.

Ungenügend dichter Verschluß der Flaschen während des Fervorisierungsprozesses führt zur teilweisen Entgasung des Wassers und hierdurch zu stark erniedrigtem CO_2 bzw. Sauerstoffgehalt im FW (s. die mit ! versehenen Meßwerte in Tab. 9). (Damit verknüpfte Änderungen von pH-Werten können nach Horsch (1964) als Kriterium für die Verschlußdichte der Gefäße benutzt werden.)

Von der Annahme ausgehend, daß FW als metastabile Phase auch für den Temperaturbereich bestehen bleibt, in welchem die Keimungsversuche durchgeführt wurden, läßt sich ableiten, daß der bei 80%iger Füllung der Gefäße beobachtete Hemmeffekt durch eine anteilig große und auch längerbeständige metastabile Modifikation erklärt werden kann, bei deren Verschwinden dann eine Verminderung der Keimungshemmung einsetzt. Die bei 50%iger Füllung zu beobachtende Keimungsförderung könnte dann auf einem vergleichsweise kleinen und zudem rasch zerfallenden Anteil solcher metastabilen Modifikationen bei niederen Temperaturen beruhen.

Zudem darf wohl auch der CO_2-Gehalt im überstehenden Luftraum bei unterschiedlicher Füllung der Flaschen nicht unberücksichtigt bleiben, der unter Voraussetzung von 0,03 Vol.-% CO_2 der Luft — bei einer 80-, 68- und 50%igen Füllung (entsprechend 250, 400 und 625 ml Luft) — 0,075, 0,12 bzw. 0,19 ml betragen würde.

4.2. *Zur Thermalwasserproblematik*

Im Vergleich zu den relativ einfachen Bedingungen im System BW/Luft haben wir beim Thermalwasser generell ein offenes System mit größeren Temperatur- und Druckgradienten, mit z. T. unbekanntem Strömungs- und Aufstiegsweg und mit unterschiedlichen Lösungsbedingungen der in den Wässern vorhandenen Inhaltsstoffe vor uns.

In den wäßrigen Lösungen, die sich nach Kondensation der in Gas- und Dampfform vorhandenen Gemische bei etwa 350°C abwärts gebildet haben, sind die Ionen Cl^-, F^-, SO_4^{--}, CO_3^{--}, S^{--}, $SiO_2 \times H_2O$, ferner Alkali-, Erdalkali- und Schwermetallionen sowie die Gase CO_2 und H_2S enthalten.

Die geohydrologisch-balneologische Gliederung der Thermalwässer nach „juveniler" oder „vadoser" Herkunft verliert hier an Bedeutung.

Vadose Wässer können auch in die Temperatur- und Druckbereiche juveniler Wässer eintreten und dort überprägt werden oder sich mit jenen mischen. Diese etwas vereinfachte Unterscheidung bedarf jedoch weiterer Ergänzungen, wenn die Löslichkeitsverhältnisse mitberücksichtigt werden. „Beim vadosen Wasser ist der hauptsächliche Lösungsgenosse die Kohlensäure. Bei den juvenilen Wässern kommen auch schweflige Säure, Schwefelsäure und Flußsäure in Betracht." (zit. n. ANGEL u. SCHARIZER 1932.)

Im Aufstiegsweg der Quellwässer spielen die Kluftweite, die Art des Nebengesteins, Wanderweg und -geschwindigkeit sowie das Temperaturgefälle eine wesentliche Rolle. So stellen nach MACHATSCHKI (1953) die Klüfte „Temperaturgefälleautoklaven riesigen Ausmaßes mit Substanzzufuhr" dar. Mit sinkenden Temperaturen kann mit den in der Tabelle 11 wiedergegebenen Drücken gerechnet werden, wenn man die Werte aus den Dampftabellen zugrunde legt (s. Tab. 11).

Tabelle 11

Beziehungen zwischen Temperatur und Dampfdruck

Temperatur °C	Druck MPa
300	8,7
250	4,0
200	1,5
150	0,4–0,5

Angesichts der Vielfalt der Faktoren, welche die Löslichkeit beeinflussen, lassen sich nur pauschale Überlegungen darüber anstellen, welche von ihnen ursächlich für einen FE in Frage kommen. So kann z. B. nicht unterschieden werden zwischen solchen Verbindungen, die ursprünglich in den Wässern vorhanden waren und Stoffen, die erst nachträglich gelöst wurden und welche, mengenmäßig gesehen, die Charakteristik des Wassers ausmachen. Allein die Frage nach der bedingten und unbedingten Löslichkeit kann die Erwartungswahrscheinlichkeit des FE bestimmen helfen.

Relativ groß ist die Löslichkeit bei hohen Temperaturen und Drücken für Karbonate, Sulfate und Silikate. Sinkt die Temperatur ab, so befinden sich solche Wässer, bedingt durch die in ihnen enthaltenen Lösungsprodukte, wahrscheinlich vorwiegend in einem metastabilen Zustand. Jedoch sind nicht nur die Temperatur und die Stoffkonzentrationen, sondern auch die Konfigurationen, die sich als Struktur bzw. Strukturen in diesen Bereichen gebildet haben und deren Existenz bis in den Bereich niedrigerer Temperaturen hinab von bestimmender Bedeutung sind. Zusammengefaßt ließe sich zumindest sagen, daß der FE von Akratothermen wahrscheinlich bedingt ist

— durch die Konzentration der spezifischen Inhaltsstoffe in den Wässern,
— durch solche Inhaltsstoffe (Verbindungen, Gemische), deren Löslichkeit im Temperaturbereich > 100 °C größer ist als bei oder < 100 °C (größere Wahrscheinlichkeit besteht besonders dann, wenn das Löslichkeitsminimum bei etwa 100 °C liegt und bei nachfolgend niedrigeren Temperaturen die Löslichkeit wieder ansteigt),
— durch die strukturellen Eigenschaften der Wässer als schwachkonzentrierte Kieselsäurelösungen in höheren Druck- und Temperaturbereichen und die Charakteristik der Metastabilität beim Übergang in niedrigere Temperatur- und Druckbereiche (mit entsprechenden Rückwirkungen auf die Löslichkeitscharakteristik).

4.3. *Besprechung der biologischen Versuche*

Abweichend von der in der Literatur beschriebenen Autoklavierung in offenen Erlenmeyerkolben aus Jenaer Glas verwendeten wir Transfusionsflaschen, die maximal mit 1000 ml Flüssigkeit gefüllt werden können, d. i. 80% ihres Gesamtvolumens. Diese ebenfalls aus Jenaer Geräteglas 490 (früher G 20) hergestellten Flaschen lassen sich mit Gummikappen und Schraubdeckeln hermetisch verschließen, so daß während des Autoklavierens der Medien keine Flüssigkeits- oder Gasverluste eintreten können. Es besteht damit die Möglichkeit, den Füllungsgrad zu variieren, so daß mit abnehmendem Füllungsgrad das über dem Wasservolumen stehende Luftvolumen größer wird und während des Abkühlungsvorganges nach dem Autoklavieren eine Rückresorption stattfinden kann. Da die Löslichkeit von CO_2 im Vergleich zum O_2 bei 25 °C größer ist, kann damit gerechnet werden, daß sich der Anteil an gelöstem CO_2 bei niedrigem Füllungsgrad relativ stärker erhöht. Bei maximalem Füllungsgrad autoklaviertes Wasser wirkte gegenüber BW gleichen Füllungsgrades (Kontrollvariante) hemmend auf das Wurzelwachstum, bei geringem Füllungsgrad (50%) autoklaviertes fördernd.

Das Sichtbarwerden der Würzelchen blieb zeitlich unbeeinflußt von der Wasserqualität und der Dauer der Vorquellung der Samen (2, 6, 10 h), wenn deren Quellung unter Luftabschluß erfolgte. Bei längeren Vorquellzeiten (6 bzw. 10 h) und möglichem Gasaustausch mit der Luft wurden die ersten Würzelchen früher sichtbar, wobei sich die Wasserunterschiede ausgeglichen hatten. Das veranlaßte uns, für unsere Fragestellung eine kurze Vorquellzeit (2 h) unter Luftabschluß zu bevorzugen. In chemischer Hinsicht zeigte sich, daß Abhängigkeit vom Binnendruck beim Autoklavieren unterschiedliche Mengen an B und Si aus den Glaswänden gelöst werden. War dieses Herauslösen von Bestandteilen aus Glas durch einen Einsatz von Foliebeuteln verhindert, dann wurde der Hemmeffekt des bei maximaler Füllung autoklavierten Wassers gegenüber der Kontrolle aufgehoben. Das bestätigt, daß Anionen für die hemmende Wirkung des FW verantwortlich sind. Weiterhin kann daraus abgeleitet werden, daß Sauerstoffunterschiede, wie sie bei der Autoklavierung des Wassers in offenen Erlenmeyerkolben zustande kommen (JOB, KOMMA u. ZEITLINGER 1965 stellten im BW 8,4 mg/kg O_2 fest, im FW 3,1 mg/kg O_2), nicht bestehen. Nach KOPP hört beim Weizen das Wachstum der Wurzelhaare bei einem O_2-Gehalt von 0,5—1,0 mg $\cdot$ l^{-1} auf (was ungefähr 1/10 des normalen Gehaltes im Wasser entspricht), sie zerplatzen aber erst bei vollständigem Sauerstoffmangel. Nach LUNDEGÅRDH (1960) gibt es „zahlreiche Beispiele für das ruhige Fortschreiten der Sauerstoffatmung, auch wenn die Wachstumsgeschwindigkeit variiert. Letztere ist nämlich bei Wurzeln stark von der Wasserstoffionenkonzentration des Mediums abhängig, was dagegen bei der Atmung nicht der Fall ist". Aus unseren Befunden ist zu schließen, daß der FE an der Wurzel ein osmotischer Effekt ist, bedingt durch den Mechanismus der Anionenatmung im Sinne von LUNDEGÅRDH. In diesem Zusammenhang haben HABER und TOLBERT (1959) festgestellt, daß markiertes Phosphat bei intakten Salatsamen erst nach dem Durchbruch der Wurzel in organischen Verbindungen wiederzufinden war, ^{14}C aus $NaH^{14}CO_3$ dagegen schon früher. Es erschien bereits nach 90 Minuten in den Säuren des Trikarbonsäurezyklus und im Glutamin, was erkennen läßt, daß die Atmung schon vor dem Sichtbarwerden der Wurzel in Tätigkeit ist. Daraus wird verständlich, weshalb — unabhängig von der Wasserqualität — unter Luftabschluß die ersten Würzelchen 8 Stunden nach dem Auslegen der Samen an die Luft sichtbar werden. Eine 2stündige Wasseraufnahme reichte aus, um den Latenzzustand aufzuheben und die Atmung (Trikarbonsäurezyklus) einzuleiten. Darüber hinaus erklärt sich, daß das Wachstum bzw. die Auskeimungsgeschwindigkeit sowohl durch unterschiedliche Mengen aus dem Glas gelöster Bestandteile als auch durch unterschiedlichen Gehalt an HCO_3^- der FW unterschiedlich beeinflußt wird.

Die durch Hinzufügen von Na-Ionen zum Fervorwasser unter gleichzeitiger Erhöhung des pH-Wertes von 5,55 auf 6,5 erreichte Aufhebung der Hemmung bzw. bewirkte signifikante Förderung des Wachstums gegenüber der Kontrollvariante spricht zunächst für eine Depolymerisation höher aggregierter Molekülformen der Kieselsäure im Medium. Im pH-Bereich um 6,0 liegt Kieselsäure nahezu undissoziiert vor. Sie wie auch B werden als Molekül aufgenommen.

Sie neigen wie Phosphat zu Esterbildung. Im pH-Bereich pH 6,5 wirkte Kieselsäure wachstumsfördernd. Bei pH 9,0 war das Wachstum gegenüber pH 6,5 stark gehemmt, jedoch wirkte FW im Vergleich zu BW bei gleichem pH wachstumsfördernd.

In Modellversuchen wirkte Borsäure (pH 5,5) ebenfalls fördernd auf das Wurzelwachstum. Als Mikroelement hat *B* u. a. Bedeutung für die Nukleinsäuresynthese und indirekt auch für die Proteinbildung (Hundt et al. 1970). Daß Kieselsäure wachstumsfördernd wirkt, hat im Rahmen dieses Problemkreises Schwabe (1956) aufgezeigt. Praktische Bedeutung kommt der *Si*-Düngung insofern zu, als Silikationen im Boden absorbierte Phosphationen freisetzen, so daß sie pflanzenverfügbar werden. Auf die Keimung des Sproßpols hatte FW stets fördernd Einfluß, was sich durch den Stoffwechsel der Pflanze, d. h. aus den stofflichen Beziehungen zwischen Wurzel und Sproß erklärt. Die höchsten Keimungsraten wurden erzielt, wenn die Wurzelkeimung bei Dunkelheit, die Sproßkeimung hingegen unter Lichteinfluß (Blaulicht) erfolgten.

Thermalwasser von Janské Lázně (ČSSR) wirkte unabhängig vom Füllungsgrad der Flaschen bei der Entnahme an der Quellfassung wie unter hohem Binnendruck autoklaviertes Wasser auf die Wurzel- und Sproßkeimung, d. h. im Vergleich zu BW hemmend beim anfänglichen Wurzelwachstum, fördernd am Sproßpol.

Die retardierende Wirkung des FW auf das Wachstum der Keimlinge nach dem Einsetzen in die fervorisierte Nährlösung kann auf Ionenkonkurrenz zwischen *Si* und *P* zurückgeführt werden. Nach 20tägigem Wachstum der Keimpflanzen in der fervorisierten Nährlösung nach von der Crone waren die Hemmungserscheinungen aufgehoben. Danach folgte im Vergleich zu nicht fervorisierter Nährlösung eine signifikante Wachstumsförderung. Dieser Effekt wurde unter der Einwirkung von Tageslicht-Leuchtstofflampen mit relativ hohem Blaulichtanteil weiterhin verstärkt. Es offenbarte sich ein enger Zusammenhang zwischen dem absoluten Wasserverbrauch und dem Wachstum von Wurzel und Sproß. Relativ, d. h. bezogen auf die gebildete Frischmasse, war der Wasserverbrauch bei Pflanzen, die in fervorisierter Nährlösung wuchsen, niedriger als bei den Kontrollpflanzen, was auf eine Borwirkung zurückgeführt werden kann. Zusammengefaßt ergibt sich, daß der „Wurzeltest“ deshalb unspezifisch ist, weil die Keimhemmungserscheinungen nicht allein als Konzentrationseffekte aufzufassen sind, sondern auch durch andere Faktoren — etwa Arsenat oder Fluorid — ausgelöst werden können. Eine bessere Einsicht vermittelt der Sproß, d. h. der Keimling als Gesamtorganismus und damit auch der Wasserkulturversuch, aus dem auch Radermacher, Klas und Vouk (1956) des FE ableiteten.

5. Schlußfolgerungen und Ausblick

1. FW stellt eine flüssige Phase im Nichtgleichgewichtszustand dar, wie er in offenen oder hermetisch verschlossenen Gefäßen bei Erhitzung des Wassers im Autoklaven im bzw. über den Sättigungszustand erzeugt werden kann und der bei Abkühlung auf Zimmertemperatur nicht völlig abgeklungen ist. Neben der Erhöhung von Temperatur und Druck ist dabei das Konzentrationsverhältnis von Wasser zum überstehenden Luftvolumen von Bedeutung, ferner das Vermögen der Gase (O_2, N_2, Ar), im Temperatur-Druckbereich der Sättigung eine größere Löslichkeit zu besitzen als bei 100 °C.
2. In hermetisch verschlossenen Glasgefäßen werden in Abhängigkeit vom Binnendruck beim Autoklavieren B und Si aus den Glaswänden herausgelöst.
3. Bei maximaler Füllung der Glasflaschen wirkt FW gegenüber BW an der Wurzel von *Sinapis alba* keimungshemmend. Die Keimungshemmung entfällt, wenn das Autoklavieren des Wassers in Foliebeuteln, d. h. unter Ausschluß der Glasoberfläche, erfolgt.
4. Bei nur 50%iger Füllung der Glasflaschen wie auch der Foliebeutel wirkt FW gegenüber der Kontrolle fördernd auf das Wurzelwachstum. Der hier im überstehenden Luftvolumen vorhandene CO_2-Anteil ist dabei von Bedeutung.
5. Aus den vorliegenden Untersuchungen erklärt sich der FE an der Wurzel als ein osmotischer Effekt, bedingt durch den Mechanismus der Anionenatmung.
6. Beim Sichtbarwerden des Sproßpols erwies sich FW gegenüber BW stets fördernd auf das Keimlingswachstum.
7. Nach anfänglicher Hemmung wirkt in toto fervorisierte Nährlösung nach VON DER CRONE gegenüber mit BW hergestellter fördernd auf das Wachstum von *Sinapis alba* (FE). Senfpflanzen erreichen nach 24 Tagen in fervorisierter Nährlösung größere Pflanzenmassen und haben relativ niedrigeren Wasserverbrauch als die Kontrollpflanzen.
8. Tageslicht mit relativ hohem Anteil an Blaulicht verstärkt diesen Effekt.
9. Bei gleicher technischer Durchführung von Quellung und Keimung der Samen wirkte Thermalwasser von Janské Lázně (ČSSR) wie FW bei maximaler Füllung der Glasflaschen auf die Keimung am Wurzel- und Sproßpol von *Sinapis alba*.
10. Der FE natürlicher Akratothermalwässer wird am wahrscheinlichsten durch Inhaltsstoffe bedingt, deren Löslichkeit im Thermalbereich ober-

halb 100 °C größer ist als bei 100 °C und darunter und besonders dann, wenn das Löslichkeitsminimum bei 100 °C liegt. Ferner spielen dabei die strukturellen Eigenschaften von FW als möglicherweise nicht molekulare, sondern kolloidale und deshalb metastabile Kieselsäurelösung eine Rolle.

Mit den von uns dargelegten Untersuchungsergebnissen dürfte eine ausreichende Erklärung für das Zustandekommen des FE gegeben sein. Damit verfügen wir nun zwar über ein aussagefähiges Experimentiermodell für Untersuchungen an Akratothermalwässern, wissen jedoch keineswegs, inwieweit die von uns dafür geltend gemachten Bedingungen verbindlichen Charakter besitzen. Für die krenobiologische Fragestellung per se besteht dafür eine genügend gute Wahrscheinlichkeit. Über deren engeren Anspruch hinaus dürfte sich aber auch ein Ansatz für die balneologische Forschung insofern ergeben, als FW, wie gezeigt, bei Abkühlungsprozessen nach dem Austritt an die Erdoberfläche möglicherweise andersgeartete Löslichkeitsverhältnisse bzw. Strukturvarianten ihrer Inhaltsstoffe besitzen, womit bereits eine Sonderstellung gegeben wäre, die zusätzlich zu dem einfachen „Warmwassereffekt“ diskutiert werden müßte. Damit könnten Konfigurationen zwischen Anionengruppen und Spurenstoffen gegeben sein, die in kalten Mineralwässern nicht auftreten würden und die Alterationen des Ionenaustausches zwischen Haut und Bademedium *et vice versa* erwarten ließen. Außerdem wäre an die Hauptpassage höhermolekularer Substanzen (etwa Kieselsäuregel), an Effekte der Hautfilmbildung (Membranprozesse etc.) und/oder an selektive katalytische Wirkungen bestimmter Spurenstoffe zu denken. „So betrachtet, käme im Fervoreffekt eine bisher nicht bekannte allgemeine physikalisch-chemische Gesetzmäßigkeit zum Ausdruck, deren biologische Reichweite zur Zeit noch nicht abzusehen ist“, urteilt Schröcksnadel 1960 (Vouk 1961). Und deshalb dürfte der Problemkreis um den FE auch weiterhin interessant bleiben.

Zusammenfassung

Zur Abklärung einer Reihe noch offener methodischer Fragen, die sich aus den bisher in der Literatur mitgeteilten Untersuchungsergebnissen zum sog. „Fervoreffekt“ nach Vouk ableiten ließen, wurden erneut Experimente mit *Sinapis alba* L. ssp. *alba* unter biophysikalischen Aspekten durchgeführt. Sie hatten zum Ziel, die Einwirkung von bidestilliertem bzw. „fervorisiertem“ bidestilliertem Wasser im Vergleich mit dem Akratothermalwasser aus Janské Lázně (ČSSR) auf das Wachstum von Wurzel und Sproß dieser Pflanzen zu überprüfen, wobei die Provenienz des Saatgutes, Dauer und Art der Vorquellung, Einflußfaktoren der Belichtung (Kunstlicht unterschiedlicher Qualität, Dunkelheit) sowie verschiedene Kriterien der Autoklavierungstechnik (Füllungsgrad der Versuchsgefäße, Alterungsgrad des Wassers, Einbeziehung der Nährlösung, Ausschalten der Glaswandung durch Folienauskleidung der Gefäße) berücksichtigt wurden. Es zeigte sich, daß die bereits früher beschriebene Hemmung der Wurzelkeimung durch fervorisiertes Wasser in Zusammenhang mit der Herauslösung von Bor und Silizium aus dem Glas der Autoklavierungsgefäße steht. Die Förderung des Sproßwachstums durch solches Wasser, die durch Tageslicht mit relativ hohem Blaulichtanteil verstärkt wird, wurde ebenfalls bestätigt. Bei natürlich austretenden Akratothermen ist das Vorhandensein des „Fervoreffektes" dann am wahrscheinlichsten, wenn die Inhaltsstoffe solcher Wässer ein Löslichkeitsmaximum oberhalb von 100 °C und ein Minimum bei etwa 100 °C besitzen, wobei angenommen werden kann, daß beim Fervorisierungsprozeß unter Mitwirkung von Kieselsäurespuren metastabile Strukturen entstehen und bei der Abkühlung bis in relativ niedrige Temperaturbereiche erhalten bleiben. Die Tatsache, daß das untersuchte Akratothermalwasser praktisch gleiche Effekte an der Versuchspflanze hervorzurufen imstande ist wie das künstlich hergestellte „Fervorwasser", bestätigt die Richtigkeit der VOUKschen Auffassung, rückt aber vor allem die Kieselsäure bzw. deren kolloidale Polymerisate sowie auch das Bor als Effektor für einen „Fervoreffekt" in den Blickwinkel des balneologischen Interesses.

7. Literatur

[1] ANGEL, F., u. R. SCHARIZER: Grundriß der Mineralparagenese. Wien, Springer, 1932.

[2] BAEHR, H. D.: Thermodynamik. 5. Aufl. Berlin (W)—Heidelberg—New York, Springer, 1981.

[3] BAEHR, H. D., u. K. SCHWIET: Die thermodynamischen Eigenschaften der Luft im Temperaturbereich zwischen −210 °C und +1250 °C bis zu Drücken von 4500 bar. Berlin (W)—Göttingen—Heidelberg, Springer, 1961.

[4] BUKATSCH, F., u. M. BUKATSCH: Keimung und Jugendentwicklung von Samenpflanzen unter Mineralwassereinfluß. (Ein Beitrag zur Frage der biologischen Wirkung der Gasteiner Thermen). Der Balneologe **7** (1940) 1—11, 37—44.

[5] CHRISTENSEN, F. H.: Farm. Tidende No 21 und 24 (1952). Originalarbeit nicht eingesehen. Ausführliches Referat: K. MÜNZEL: Schweiz. Apothek. Z. **92** (1954) 33.

[6] D'ANS-LAX: Taschenbuch für Chemiker und Physiker. Hrsg. v. Jean D'ANS u. Ellen LAX. 3. Aufl. Berlin (W)—Göttingen—Heidelberg, Springer, 1967.

[7] DIN 58361: Transfusionsbehältnisse und Zubehör, Norm 6/78.

[8] DYBOWSKI, U.: Über biologische Versuche im Johannisbader Thermalwasser. Der Balneologe **9** (1942) 120—126.

[9] ELSNER, N.: Grundlagen der technischen Thermodynamik. 4. bearb. u. erw. Aufl. Berlin, Akademie Verlag, 1980.

[10] ENGEL, W.: Ein Beitrag zur Funktion der Kieselsäure im pflanzlichen Organismus. Naturwissenschaften **45** (1958) 316—317.

[11] FRANK, H. S.: Restrictions for an acceptable model for water structure. In: A. P. LUCK (Edit.): Structure of Water and Aqueos Solutions. Weinheim, Verlag Chemie, 1974.

[12] GLIETENBURG, D.: Untersuchungen über die Abhängigkeit des Diffusionskoeffizienten des H^+-Ions und der O_2-Molekel von Lösungsgenossen in wäßriger Lösung. Diss., Univ. Bonn, 1965.

[13] GMELIN: Handbuch der anorganischen Chemie. System Sauerstoff. Lfg. 3–6. Weinheim/Bergstr., Verlag Chemie, 1958 –.

[14] HAASE, R.: Thermodynamik der irreversiblen Prozesse. Darmstadt, Steinkopff, 1963.

[15] HAASE, R.: Thermodynamik der Mischphasen. Berlin (W)—Göttingen—Heidelberg, Springer, 1956.

[16] HABER, A. H. and N. E. TOLBERT: Metabolism of C^{14}-Bicarbonate, P^{32}-Phosphate, or S^{35}-Sulfate by lettuce seed during germanisation. Plant Physiol. **34** (1959) 376–380.

[17] HATCHER, J. T. and L. V. WILCOX: Colorimetric determination of boron using carmine. Anal. Chem. Washington **22** (1950) 567–569.

[18] HÖLSCHER, H.-J.: Über die Temperaturabhängigkeit polarer und unpolarer reiner Flüssigkeiten. — Ein Beitrag zur Frage der Struktur und molekularen Beweglichkeit im flüssigen Zustand. Diss., T. U. Braunschweig, 1972.

[19] HORSCH, W.: Beiträge zur Beurteilung von Infusionsflaschen. Informationsdienst der Arbeitsgemeinschaft für pharmazeutische Verfahrenstechnik e. V. **4** (1964) 131–151.

[20] HUNDT, I., W. BERGMANN, FR. FISCHER u. G. SCHILLING: Untersuchungen über den Einfluß des Mikronährstoffes Bor auf den N-Umsatz von *Helianthus annuus* L. Thaer-Archiv **14** (1970) 713–724.

[21] HUNDT, I., G. SCHILLING, F. FISCHER u. W. BERGMANN: Untersuchungen über den Einfluß des Mikronährstoffes Bor auf den Nukleinsäurestoffwechsel und die Gewebestruktur von *Helianthus annuus* L. Thaer-Archiv **14** (1970) 725–737.

[22] JOB, C.: Die Bedeutung des Sauerstoffmangels für den Auskeimtest. Fundamenta Balneobioclimatologica **3** (1965) 150–158.

[23] JOB, C.: Die auskeimungshemmenden Faktoren des Gasteiner Thermalwassers. Arch. phys. Ther. **18** (1966) 413.

[24] JOB, C.: Wirkung von Akratothermen auf die Auskeimung von Pflanzensamen und das Wachstum junger Pflanzen. Ber. nat.-med. Ver. Innsbruck **57** (1969) 123–141.

[25] JOB, C., E. KOMMA u. G. ZEITLINGER: Physikalische und chemische Untersuchungen zum Fervorproblem. Fundamenta Balneobioclimatologica **3** (1965) 111–125.

[26] JORDAN, H.: Physiotherapie. In: Arbeitsmethoden der Inneren Medizin und ihr verwandter Gebiete. Hrsg. v. R. EMMRICH, Bd. VIII, Therapeutische Verfahren. 2. Lfg. Jena, VEB G. Fischer, 1970, S. 52.

[27] JORDAN, H.: Kurorttherapie. 2. Aufl. Jena, VEB G. Fischer, 1980, S. 28–29.

[28] KISSER, J., u. J. POSSNIG: Untersuchungen über den Einfluß gehemmter und geförderter Sauerstoffatmung auf Samenkeimung und Keimlingswachstum. Beitr. z. Biol. d. Pflz. **20** (1932) 77–104.

[29] Klas, Z.: Studien über den Fervoreffekt bei pflanzlichen Organismen. I. Komparative Untersuchungen über die Einwirkung des fervorisierten Wassers auf das Auskeimen von verschiedenen Pflanzensamen. Bulletin International de l'Académie Yougoslave des Sciences et des beaux-arts. L. 10, 49–79, Zagreb 1953. II. Komparative Untersuchungen der Einwirkung des thermalen und des fervorisierten Wassers auf das Auskeimen von Senfsamen. Ebenda 81–99.
III. Komparative Untersuchungen der Einwirkung des fervorisierten und glazialisierten Wassers auf das Auskeimen von Senfsamen. Ebenda 101–112.

[30] Klas, Z.: Beitrag zur Kenntnis der Wirkungen fervorisierter Nährsubstrate auf Pflanzen. Fundamenta Balneobioclimatologica **1** (1959) 227–238.

[31] Klas, Z.: Beitrag zur Frage der Alterung fervorisierter Wässer. Fundamenta Balneobioclimatologica **2** (1962) 76–84.

[32] Klose, M.: Beiträge über Langzeitänderungen spezieller Thermalwässer. Z. Physiother. **26** (1974_1) 275–277.

[33] Klose, M.: Beiträge zur D- und V-Struktur von Wasser und speziellen wäßrigen Lösungen. Inaug.-Diss., Bergakademie Freiberg, 1972. — Abh. d. Sächs. Akad. d. Wiss. z. Leipzig, Math.-naturwiss. Kl. Bd. 25 (1974_2) Heft 4. Berlin, Akademie-Verlag, 1974.

[34] Komma, E.: Der Chemismus der Gasteiner Therme. In: Die Gasteiner Therme im Lichte der Wissenschaft (25 Jahre Forschungsinstitut Gastein). Mitt. 228 aus dem Forschungsinstitut Gastein der Österr. Akad. d. Wiss. 1961.

[35] Kopp, M.: zitiert nach Lundegårdh, H.: Pflanzenphysiologie. Jena, VEB G. Fischer, 1960, S. 524.

[36] Landolt, H., u. R. Börnstein: Zahlenwerte und Funktionen aus Physik, Chemie, Astronomie, Geophysik u. Technik. Bd. II–IV. Bearb. v. A. Kruis u. A. May. Berlin (W)—Göttingen—Heidelberg, Springer, 1962–1976.

[37] Lundegårdh, H.: Pflanzenphysiologie. Jena, VEB G. Fischer, 1960.

[38] Machatschki, F.: Spezielle Mineralogie. Wien, Springer, 1953.

[39] Matz, W., u. G. Matz: Die Thermodynamik des Wärme- und Stoffaustauschs in der Verfahrenstechnik. 2. Aufl., Bd. 1 u. 2. Darmstadt, Steinkopff, 1971.

[40] Properties of Water and Steam in SI-Units. — Thermodynamische Eigenschaften von Wasser und Wasserdampf. 0–800 °C, 0–1000 bar. Hrsg. v. E. Schmidt u. U. Grigull. Berlin (W)—Heidelberg—New York, Springer, 1971.

[41] Radermacher, A.: Fervorisiertes Wasser und das Wasser der Gasteiner Thermen. Z. phys. Ther., Bäder- u. Klimaheilkd. **3** (1950) 139–143.

[42] Radermacher, A., u. Z. Klas, with the collaboration of Prof. V. Vouk: Report on Fervorization of Plant Nutrient-Substrata. Nederl. Acad. van Wetensch. Prodeedigs, Vol. XLIII (1940) 1056–1060.

[43] Radermacher, A., u. Z. Klas, with the collaboration of Prof. V. Vouk: On Fervorization of Plant Nutrient-Substata. Acta botanica Zagreb Vol. XIV et XV (1956) 7–114.

[44] Schmidt, E.: Technische Thermodynamische Grundlagen und Anwendungen. 11. neubearb. Aufl., Bd. 1 u. 2, hrsg. v. K. Stephan u. F. Mayinger. Berlin (W)—Heidelberg—New York, Springer, 1975 u. 1977.

[45] SCHRÖCKSNADEL, H.: Zur Vergleichbarkeit balneologischer Untersuchungsergebnisse im Auskeimtest. Fundamenta Balneobioclimatologica **1** (1959) 251–260.

[46] SCHRÖCKSNADEL, H.: Thermalwasserwirkung und Fervoreffekt. Arch. phys. Ther. **13** (1961) 183–189.

[47] SCHRÖCKSNADEL, H., u. E. KOMMA: Die optische Dichte des Wassers vor und nach der Fervorisation. Fundamenta Balneobioclimatologica **2** (1962) 141–148.

[48] SCHRÖCKSNADEL, H., u. E. KOMMA: Zur Frage des Gasteiner Thermal-Modellwassers. Fundamenta Balneobioclimatologica **2** (1962) 149–163.

[49] SCHWABE, G. H.: Umraumfremde Quellen. Arch. Hydrobiol. **48** (1954) 544–545.

[50] SCHWABE, G. H.: Förderung der Wurzelentwicklung durch Silikate in Hochofenschlacke und Thermalwasser. Naturwissenschaften **43** (1956) 163–164.

[51] Sub-Committee AII of the International Commission on Glass-Chemical Durability: The determination of silica in extract solutions. Glass Technology **16** (1975) 80–83.

[52] Verordnung über Kurorte, Erholungsorte und natürliche Heilmittel – Kurortverordnung – v. 3. 8. 1967; GBl. II Nr. 88 v. 22. 9. 1967 sowie 1.–3. Durchführungsbestimmung; GBl. II Nr. 27 v. 26. 3. 1968; s. dort S. 121.

[53] VOUK, V.: Ein neuer Versuchsweg zur Klärung der Frage der balneologischen Wirkung des Fervorwassers. Der Balneologe **8** (1941) 71–73.

[54] VOUK, V.: Grundriß zu einer Balneobiologie der Thermen. Basel, Birkhäuser, 1950.

[55] VOUK, V.: Beiträge zur Kenntnis von Heilquellenwirkungen auf Pflanzen. I. Untersuchungen an Hirsesamen mit Thermalwasser von Bad Gastein. Sitzber. Österr. Akad. Wiss., Math.-naturwiss. Kl., Abt. II. **166** (1957) 161–182.

[56] VOUK, V.: Neues über den Fervoreffekt. Stuttgart, Hippokrates, 1961, S. 133.

[57] VOUK, V., u. H. SCHRÖCKSNADEL: Beiträge zur Kenntnis von Heilquellenwirkungen auf Pflanzen. II. Untersuchungen an Senfsamen mit Thermalwasser von Bad Gastein. Sitzber. Österr. Akad. Wiss., Math.-naturwiss. Kl., Abt. II. **166** (1957) 183–197.

[58] WEBER, E.: Grundriß der biologischen Statistik. Jena, VEB G. Fischer, 1967.

[59] WINKLER, L. W.: Bestimmung der gelösten Gase – Stickstoff – Sauerstoff – Methan im Wasser. In: LUNGE-BERL: Chemisch-technische Untersuchungsmethoden. Bd. 1, S. 560. 7. vollst. umgearb. u. vermehrte Aufl. Berlin, Julius Springer Verlag, 1921.

Anschrift für alle Verfasser:

Prof. Dr. H. JORDAN
Forschungsinstitut für Balneologie und
Kurortwissenschaft Bad Elster
DDR-9933 Bad Elster, Karl-Marx-Str. 5

Band 115

Heft 1 Prof. Dr. rer. nat. HERMANN BERG, Wilhelm Ostwald – Erkenntnisse über die Biosphäre
1981. 36 Seiten – 7 Abbildungen – 3 Tabellen – 8° – M 6,–

Heft 2 Prof. Dr. sc. KLAUS DÖRTER, Aphorismen zur Qualität des Bewässerungswassers
1981. 31 Seiten – 11 Abbildungen – 11 Tabellen – 8° – M 6,–

Heft 3 Prof. Dr. Ing. Dr. h. c. PAUL GÖRLICH, Die geschichtliche Entwicklung des wissenschaftlichen Gerätebaus und seine zukünftige Bedeutung 1981. 36 Seiten – 8° – M 6,–

Heft 4 Prof. Dr. WOLFGANG BUCHHEIM, Albert Einstein als Wegbereiter nachklassischer Physik
1981. 29 Seiten – 8° – M 4,–

Heft 5 Prof. Dr.-Ing. HERBERT KRUG, Die Technologie der Brikettierung von Weichbraunkohle im Lichte der Verfahrenstechnik und der besseren Nutzung dieses Energieträgers
1982. 20 Seiten – 13 Abbildungen – 8° – M 3,–

Heft 6 Prof. Dr. ERNST NEEF, Der Verlust der Anschaulichkeit in der Geographie und das Problem der Kulturlandschaft 1981. 34 Seiten – 8° – M 5,–

Band 116

Heft 1 Prof. Dr. WERNER RIES, Studium zum biologischen Alter
1982. 27 Seiten – 10 Abbildungen – 8° – M 4,–

Heft 2 Prof. Dr. RUDOLF SACHSENWEGER, Augenunabhängige optosensorische Wahrnehmungsformen
1983. 19 Seiten – 8° – M 4,–

Heft 3 Prof. Dr. HANS-GEORG SCHÖPF, Die Griechen und die Natur 1983. 62 Seiten – 8° – M 8,–

Heft 4 Prof. Dr. Ing. JAN BENETIN, Mathematisches Modell für das Wachstum von landwirtschaftlichen Kulturen und seine Verwertung in der quantitativen Beurteilung des Bewässerungseffektes auf die Steigerung der Ernteerträge 1983. 36 Seiten – 18 Abbildungen – 3 Tabellen – 8° – M 6,–

Heft 5 Prof. Dr. HANS DRISCHEL †, Neues über die Pupille
1983. 30 Seiten – 26 Abbildungen – 8° – M 4,–

Heft 6 Prof. Dr. BENNO PARTHIER, Der Beitrag der Molekularbiologie zur Evolutionserkenntnis
1983. 41 Seiten – 19 Abbildungen – 2 Tabellen – 8° – M 6,–

Heft 7 Prof. Dr. ADOLF WATZNAUER, Die Rolle des Radons (Isotop ^{222}Rn) als Umweltfaktor – eine Übersicht
1983, 34 Seiten – 3 Abbildungen – 4 Tabellen – 8° – M 5,–

Band 117

Heft 1 Prof. Dr. sc. KLAUS DÖRTER, Einige Aspekte zum landeskulturellen Nutzen des Meliorationswesens
1984. 31 Seiten – 10 Abbildungen – 11 Tabellen – 8° – M 8,–

Heft 2 Prof. Dr. HERBERT BECKERT, Nichtlineare Elastizitätstheorie 1984. 58 Seiten – 8° – M 8,–

Heft 3 Prof. Dr. HERBERT JORDAN, Zur funktionellen Normalität des Menschen
1984. 29 Seiten – 15 Abbildungen – 1 Tabelle – 8° – M 4,–

Heft 4 Dr. ARND BERNHARDT, Beiträge zum Problemkreis des Landschaftswandels
1985. 101 Seiten – 3 Abbildungen – 5 Tabellen – 8° – M 14,–

Heft 5 Prof. Dr. OTT-HEINRICH KELLER, Das Zählen als angeborene Verhaltensweise
1984. 36 Seiten – 11 Abbildungen – 8° – M 6,–

Heft 6 Prof. Dr. WOLFGANG BUCHHEIM, Komplementarität nach Niels Bohr – Physikgeschichtliche Episode oder universale Kategorie von Ergänzung? 1984. 30 Seiten – 3 Tabellen – 8° – M 4,–

Heft 7 Prof. Dr. BENNO PARTHIER, Gene, Gentechnik, Genmanipulation
1984. 28 Seiten – 7 Abbildungen – 8° – M 4,–

Band 118

Heft 1 Prof. Dr. HANS JÜRGEN RÖSLER, Geowissenschaften und Geochemie
1985. 24 Seiten – 11 Abbildungen – 8° – M 4,–

Heft 2 Prof. Dr. HERBERT BECKERT, Axiomatik – Mathematik und Erfahrung
1985. 20 Seiten – 8° – M 3,–

Heft 3 Prof. Dr. HERMANN BERG, Zellfusion, Transformation und Pharmakainkorporation durch Elektrostimulation 1985. 27 Seiten – 15 Abbildungen – 8° – M 4,–

Heft 4 Prof. Dr. N. JOACHIM LEHMANN, Die analytische Maschine. Grundlagen einer Computer-Analytik
1985. 64 Seiten – 5 Abbildungen – 8° – M 8,–

Heft 5 Prof. Dr. Dietrich Uhlmann, Die anthropogene Eutrophierung der Gewässer – ein umkehrbarer Prozeß? 1985. 32 Seiten – 16 Abbildungen – 8° – M 4,–

Heft 6 Prof. Dr. Dr. Friedrich Wolf / Dr. Magdalena Weise, Der Sirotherm-Prozeß – Ein Verfahren zur rationellen Wasserentsalzung 1986. 31 Seiten – 12 Abbildungen – 7 Tabellen – 8° – M 4,–

Heft 7 Dr. sc. Ruth Zwicker / Dr. sc. Herbert Führer / Gerhardt Plötner / Prof. Dr. med. Herbert Jordan / Prof. Dr. Wolfgang Buchheim, Modellversuche zum Fervoreffekt nach V. Vouk unter biophysikalischen Gesichtspunkten *Vorliegendes Heft*

Band 119

Heft 1 Prof. Dr. med. Werner Ries, Methoden und Erkenntnisse der Alternsforschung 1986. 31 Seiten – 20 Abbildungen – 8° – M 4,–

Heft 2 Prof. Dr. Heinz Penzlin, Die Erscheinung des Lebendigen in unserer Welt *In Vorbereitung*

Einzel- oder Fortsetzungsbestellungen durch eine Buchhandlung erbeten

Sitzungsberichte bis Band 108
durch das Zentralantiquariat der Deutschen Demokratischen Republik, Leipzig
ab Band 109 durch die Universitätsbuchhandlung, 7010 Leipzig, zum Teil noch lieferbar

AKADEMIE-VERLAG

DDR-1086 Berlin, Leipziger Straße 3–4

ISBN 3-05-500094-3
ISSN 0371-327X

FSC
www.fsc.org
MIX
Papier | Fördert gute Waldnutzung
FSC® C083411

Zeitfracht Medien GmbH
Ferdinand-Jühlke-Straße 7
99095 Erfurt, Deutschland
produktsicherheit@kolibri360.de